河南南阳白河
国家湿地公园社区共管研究

主　编　董建军
副主编　周志军　马国丽
　　　　袁同印　孙晓辉

黄河水利出版社
·郑州·

图书在版编目(CIP)数据

河南南阳白河国家湿地公园社区共管研究/董建军
主编. —郑州:黄河水利出版社,2021.8
ISBN 978-7-5509-3076-6

Ⅰ.①河… Ⅱ.①董… Ⅲ.①沼泽化地-国家公园-
社区管理-研究-南阳 Ⅳ.①P942.613.78②D669.3

中国版本图书馆 CIP 数据核字(2021)第 167782 号

组稿编辑:杨雪 电话:0371-66026342 E-mail:58508197@qq.com

出 版 社:黄河水利出版社 网址:www.yrcp.com
　　　　地址:河南省郑州市顺河路黄委会综合楼 14 层 邮政编码:450003
发行单位:黄河水利出版社
　　　　发行部电话:0371-66026940、66020550、66028024、66022620(传真)
　　　　E-mail:hhslcbs@126.com
承印单位:广东虎彩云印刷有限公司
开本:787 mm×1 092 mm 1/16
印张:8.75
字数:202 千字 印数:1—1 000
版次:2021 年 8 月第 1 版 印次:2021 年 8 月第 1 次印刷

定价:50.00 元

《河南南阳白河国家湿地公园社区共管研究》
编 委 会

主　编　董建军
副主编　周志军　马国丽　袁同印　孙晓辉
编　者(按姓氏笔画排序)
　　　　丁　博　王云瑶　王　萌　包　灵　孙新杰
　　　　孙曾丽　李小旭　李冬数　李彦卿　张机伟
　　　　张永生　张运城　张志忝　杨　飒　陈　珊
　　　　周　娟　高　梅　谢　新　靳慧慧

前　言

长期以来，湿地公园或者其他自然保护地内社区的居民一直依赖自然资源生存和发展，对自然资源具有较强的依赖性，给自然保护地的生物多样性保护造成很大的压力。而对于湿地公园或者其他自然保护地内社区的居民来说，最基本的生存需要才是他们最关注和最重视的。如何发展和协调是关系到湿地公园或者其他自然保护地内自然资源的可持续发展与社区居民生存的重要问题。充分发挥本地生物多样性和文化多样性资源，繁荣地方经济和提高当地人民生活水平，是生物圈保护区管理模式最基本的要求。

随着国家对湿地公园内自然资源的重视和保护力度的加大，国家湿地公园作为自然保护地自然公园的一个类型，实行严格保护管理制度，使湿地公园内外社区的经济发展受到了一定限制，而社区居民传统的生活方式也对湿地资源的保护构成潜在威胁，湿地资源保护工作的开展和社区发展的矛盾日益突出。

为了加强湿地公园的保护管理，使河南南阳白河国家湿地公园的保护和周边社区的社会经济发展达到协调和互利共赢，并为其他湿地公园开展社区共管提供参考，南阳市白河国家湿地公园管理处成立项目组开展"河南南阳白河国家湿地公园社区共管研究"。

项目组对白河国家湿地公园周边社区进行调查与监测，了解周边社区的基本情况、与湿地公园的依从关系、潜在的威胁因子等，从分析白河国家湿地公园开展社区共管的必要性出发，根据社区管理的一般原则，探索白河国家湿地公园社区共管的形式，并提出具体的社区协调行动和社区发展建议。

由于编者水平所限，加上成书时间仓促，书中不妥之处，敬请读者朋友批评指正。

作　者

2021 年 7 月

目　录

前　言
第 1 章　社区及社区管理概论 ………………………………………………… （1）
　　1.1　相关概念 ………………………………………………………………… （1）
　　1.2　社区共管体制 …………………………………………………………… （4）
　　1.3　社区共管机构与组织组成 ……………………………………………… （4）
　　1.4　社区共管在中国的传播 ………………………………………………… （5）
　　1.5　社区共管的目的与基本出发点 ………………………………………… （6）
　　1.6　社区共管的主要意义和作用 …………………………………………… （7）
　　1.7　社区共管的类型 ………………………………………………………… （8）
　　1.8　社区共管存在的问题 …………………………………………………… （8）
　　1.9　社区资源管理计划的制订 ……………………………………………… （9）
　　1.10　社区共管项目 ………………………………………………………… （10）
　　1.11　社区共管的基本步骤和方法 ………………………………………… （11）
　　1.12　社区共管行动计划 …………………………………………………… （11）
　　1.13　社区共管协议 ………………………………………………………… （12）
　　1.14　社区共管调查 ………………………………………………………… （12）
第 2 章　湿地公园社区及利益相关者管理 …………………………………… （16）
　　2.1　国家湿地公园管理与社区发展的矛盾和问题 ……………………… （16）
　　2.2　为什么要让当地社区及本土人士参与湿地管理 …………………… （20）
　　2.3　社区共管的依据 ……………………………………………………… （21）
　　2.4　公园管理主体与社区共同管理的必要性 …………………………… （22）
　　2.5　湿地公园与社区关系的一般分析 …………………………………… （24）
　　2.6　湿地公园与社区的利益相关分析 …………………………………… （24）
　　2.7　社区共管过程中应注意的几个问题 ………………………………… （26）
　　2.8　共管中的冲突管理 …………………………………………………… （27）
第 3 章　社区共管理论的原则、形式与途径 ………………………………… （29）
　　3.1　社区管理的原则 ……………………………………………………… （29）
　　3.2　社区管理形式 ………………………………………………………… （30）
　　3.3　社区共管的特点 ……………………………………………………… （32）
　　3.4　如何选择和确定社区共管项目 ……………………………………… （34）
　　3.5　选择和确定社区共管项目应注意的问题 …………………………… （35）

3.6　社区共管的主要实践途径 ………………………………………（36）
　　3.7　如何提高社区参与的积极性 ………………………………………（40）
第4章　社区共管模式与具体行动案例 ………………………………………（43）
　　4.1　社区参与湿地公园生态旅游模式 …………………………………（43）
　　4.2　"两位一体,社区参与,共同管理"模式——广东雷州九龙山国家湿地公
　　　　 园的社区管理模式 …………………………………………………（44）
　　4.3　"湿地公园+生态园"模式——河南新县香山湖国家湿地公园案例………（45）
　　4.4　"湿地公园+生态村建设"模式——河南新县香山湖国家湿地公园案例
　　　　 …………………………………………………………………………（48）
　　4.5　"湿地公园+美丽乡村建设"模式——河南新县香山湖国家湿地公园案例
　　　　 …………………………………………………………………………（49）
　　4.6　湖泊类型国家湿地公园社区共建共管途径——以来仪湖湿地公园为例
　　　　 …………………………………………………………………………（51）
　　4.7　国家湿地公园与民族社区共建共管行动案例——广东东江国家湿地公园
　　　　 …………………………………………………………………………（55）
　　4.8　少数民族社区共建共管行动案例——湖南会同渠水国家湿地公园 ……（59）
　　4.9　共建共管行动案例——湖南耒水国家湿地公园 ……………………（61）
　　4.10　社区共建共管行动案例——广东孔江国家湿地公园 ……………（70）
　　4.11　富锦国家湿地公园和安邦河国家湿地公园的社区共管经验 ………（76）
　　4.12　社区共建共管案例——西藏多庆错国家湿地公园 ………………（76）
第5章　河南南阳白河国家湿地公园与社区情况 ……………………………（81）
　　5.1　河南南阳白河国家湿地公园的基本情况 …………………………（81）
　　5.2　河南南阳白河国家湿地公园的建设成效 …………………………（93）
　　5.3　河南南阳白河国家湿地公园社区的基本情况 ……………………（108）
　　5.4　河南南阳白河国家湿地公园社区的类型划分 ……………………（109）
　　5.5　河南南阳白河国家湿地公园的不同典型社区调查 ………………（110）
　　5.6　公众湿地认识及保护意识问卷调查 ………………………………（112）
第6章　河南南阳白河国家湿地公园社区共管计划 ………………………（116）
　　6.1　社区协调与发展总则 ………………………………………………（116）
　　6.2　四个典型社区的协调发展对策 ……………………………………（118）
　　6.3　社区协调行动 ………………………………………………………（120）
　　6.4　社区可持续发展行动 ………………………………………………（123）
　　6.5　社区共管村规民约 …………………………………………………（124）
　　6.6　社区共管联系员制度 ………………………………………………（126）
参考文献 ……………………………………………………………………（127）

第 1 章　社区及社区管理概论

1.1　相关概念

1.1.1　社区

社区（Community）：在《中国大百科全书·社会卷》中，社区被定义为"以一定地理区域为基础的社会群体"。从社会学角度看，社区就是聚集在一定地域的一定人群的共同生活体。它是以多种社会关系联结的，从事经济、政治、文化等活动，组成一个相对独立的区域性社会实体。因此，社区可以理解为聚居在一定地域内的、相互关联的人群形成的共同体。

社区组成分五个要素：一是必须有以一定社会关系为基础而组织起来的，进行共同社会活动的人群；二是必须有一定的地域条件；三是要有各方面的生活服务设施；四是要有自己特有的文化；五是每个社区成员在心理上对自己社区的认同感。

1.1.2　保护地

世界自然保护联盟（IUCN）对保护地有明确的定义：它是一个明确界定的地理空间，通过法律或其他有效方式获得认可、得到承诺和进行管理，以实现对自然及其所拥有的生态系统服务和文化价值的长期保护。设立自然保护地是为了维持自然生态系统的正常运作，为物种生存提供庇护所，具有保存物种和遗传多样性，保持特殊自然和文化特征，科学研究，提供教育、旅游和娱乐机会，持续利用自然生态系统内的资源等多重目的。

在我国，与保护地相关的概念主要有自然保护区、国家公园、风景名胜区、森林公园、湿地公园、地质公园等。我国的自然保护地是由各级政府依法划定或确认，对重要的自然生态系统、自然遗迹、自然景观及其所承载的自然资源、生态功能和文化价值实施长期保护的陆域或海域。自然保护地是生态建设的核心载体、中华民族的宝贵财富、美丽中国的重要象征，在维护国家生态安全中居于首要地位。我国自然保护地包括国家公园、自然保护区及自然公园 3 种类型。国家公园是指以保护具有国家代表性的自然生态系统为主要目的，实现自然资源科学保护和合理利用的特定陆域或海域，是我国自然生态系统中最重要、自然景观最独特、自然遗产最精华、生物多样性最富集的部分，保护范围大，生态过程完整，具有全球价值、国家象征，国民认同度高。目前已开展三江源、大熊猫、东北虎豹、祁连山、海南热带雨林等 10 处国家公园体制试点。自然保护区是指保护典型的自然生态系统、珍稀濒危野生动植物物种的天然集中分布区、有特殊意义的自然遗迹的区域。其具有较大面积，以确保主要保护对象安全，维持和恢复珍稀濒危野生动植物种群数量及赖以生存的栖息环境。自然公园是指保护重要的自然生态系统、自然遗迹和自然景观，具有生态、观赏、文化和科学价值，可持续利用的区域。确保森林、海洋、湿地、水域、冰川、草原、生物等珍贵自然资源，以及所承载的景观、地质地貌和文化多样性得到有效保护。包括森林公园、地质公园、海洋公园、湿地公园、沙漠公园、草原公园等各类自然公园。2019 年 6 月，中共中央办公厅、国务院办公厅印发了《关于建立以国家公园为主体的自然保护地体系的指导意见》，指出建立以国家公园为主体的自然保护地体系，是贯彻习近平生态文明思想的重大举措，要求到 2020 年，提出国家公园及各类自然保护地的总体布局和发展规划，完成国家公园体制试点，设立一批国家公园，完成自然保护地勘界立标并与生态保护红线衔接，制定自然保护地内建设项目负面清单，构建统一的自然保护地分类分级管理体制。到 2025 年，健全国家公园体制，完成自然保护地整合归并优化，完善自然保护地体系的法律法规、管理和监督制度，提升自然生态空间承载力，初步建成以国家公园为主体的自然保护地体系。到 2035 年，显著提高自然保护地管理效能和生态产品供给能力，自然保护地规模和管理达到世界先进水平，全面建成中国特色自然保护地体系。

1.1.3　共管

共管（Co-management）即共同管理，是一个宽泛的概念，一般泛指在某一具体项目或活动中参与的各方在既定的目标下，以一定的形式共同参与计划、实施、监测及评估的整个过程。

"共管"术语来自社区林业，是社区林业在森林资源和自然保护区管理中的具体应用体现，还有一些不同的叫法，如"森林共管""社区共管""合作管理""协作管理""伙伴管理"。社区共管就是组织群众共同参与自然保护地管理方案的决策、实施和评估的过程。

社区共管包含两层含义：一是自然保护地同周边社区共同制订社区自然资源管理计划，共同促进社区自然资源的管理；二是当地社区参与协助自然保护地进行有关生物多样性保护和管理工作，使周边社区的自然资源管理成为自然保护地综合管理的一个重要组成部分。

1.1.4　参与

共管与参与的含义并不相同，在概念上二者是一种相互包含的关系，参与概念的范畴比较宽，一般是指一个共同活动的过程，在整个活动的过程中，活动的所有共同利益者都对所进行的相关活动发挥自己的影响，并分担对整个活动的控制和管理。因而，参与包含了共管概念；共管是在自然保护区管理中社区参与活动的具体化，也就是说共管是指参与的人员和参与的活动比较明确、参与的形式和内容比较规范的参与活动。

1.1.5　社区共管

社区共管（Community Co-management）是一个来源于国外的概念。国外学者和国际机构对于社区共管已经开展了比较深入的研究，并提出了比较有代表性的概念和理论体系。

社区共管是指社区居民共同参与管理的一种新型管理概念。21 世纪初我国引入社区共管概念，并应用于自然资源保护领域。将社区共管理念应用于湿地公园管理中能够在政府与居民的配合下达到湿地的保护、恢复与合理利用等目的。同时，能提升居民环保意识，促进形成共存、共生、共同发展的管理局面，以实现长期、可持续协调保护资源的目的。

社区共管的主要方法包括：①通过共建组织进行共管；②通过提供信息、技术和服务等援助对一些活动进行共管；③通过合同协议进行共管；④通过行政和政策手段进行共管；⑤通过合资或股份制的形式进行共管；⑥通过生产或生活中的一些联系进行共管。

1.1.6　社区保护地

世界自然保护联盟（IUCN）将社区保护地定义为：包含重要生物多样性、生态系统服务功能和文化价值，由定居或迁徙的原住民或当地社区通过习惯法或其他有效手段自愿保护的自然的或改造的生态系统。

社区保护地的特征包括以下几个方面：

(1)约定俗成的传统保护与现代保护结合。

(2)保护与社区的生产、生活方式紧密相关。

(3)保护是社区可持续发展的一部分，额外性低（自然资源、人才、组织、技术、资金、社会资本的可持续）。

(4)保护需要以集体行动力为基础。

1.2　社区共管体制

要发挥社区共管的职能，就必须完善自然保护地的管理体制。因此，在自然保护地管理中，必须打破条块分割、各自为战的分散局面，从特殊生态区域环境管理的需要出发，建立符合当地文化的自然保护地共管组织。其组成包括当地社区、当地政府、自然保护地、与自然保护地资源利用有关的企业、科研单位和非政府组织的代表。要明确管理机构的职责，并建立健全目标管理责任制，把自然保护地管理与社区经济社会可持续发展确定为自然保护地的重要目标。同时，社区居民的权利应当得到尊重，社区居民享有对自然保护地资源的利用权、决策权和收益权，以及环境知情权、检举权、参与权等各方面的权利。

1.3　社区共管机构与组织组成

共管机构的一般形式为共管委员会。包括：

(1)执行主体：负责执行和实施共管计划或协议。

(2)决策主体：负责自然保护地范围内相关的管理工作，如社区发展基金等。

(3)咨询主体：为决策主体提供自然资源管理方面的有关信息和建议。

一般自然保护地的社区共管组织组成如下：

(1)县政府成立社区发展共管委员会，委员会主任由分管副县长兼任；副主任由县林业局局长和自然保护地主任兼任；成员由乡（镇）领导和乡（镇）林管员、管理站站长组成。

(2)辖区各乡（镇）片区建立社区发展共管小组，各乡（镇）成立一个共管小组，由乡（镇）副乡（镇）长任组长，管理站站长任副组长，有关村委会主任和林业管护员参加，每村选3名村民代表参加。

共管委员会与共管小组的职责如下：

(1)共管委员会职责：制定共管目标，定期召开成员会议，协调解决管护中存在的问题，负责建立共管小组，领导和指导共管小组开展工作。

(2)共管小组职责：制订小组共管计划，共商解决自然保护地管理的矛盾，制定自然保护地管理的乡规民约，宣传保护环境意识，动员村民参与自然保护地的生物资源保护。

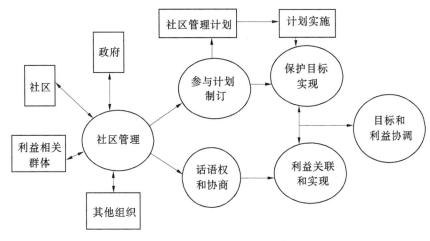

社区共管的组成形式

1.4　社区共管在中国的传播

社区共管作为国际上一种崭新的后发展地区资源管理模式，被广泛应用于渔业、海岸资源、森林和国家公园的日常管理，在哥伦比亚、哥斯达黎加、泰国等发展中国家的自然资源保护实践中均取得了良好成效，积累了成功经验。经过国外各部门、机构组织不间断的实践，社区共管这种自然资源管理模式被证实是行之有效、值得推广的管理方法，在全球迅速传播开来。

社区共管传入中国是在 20 世纪 90 年代初期。1993 年，在美国国际鹤类基金会的资助下，贵州草海开始尝试管理与扶贫相结合的社区共管模式，目的是帮助村民改善生存状况，调动社区村民共同保护草海环境的积极性，促进人与自然的和谐发展。1995 年以来，在全球环境基金（GEF）等一些国际组织的资助下，福建、江西、湖北、云南、陕西等 5 个省的武夷山、长青、鄱阳湖等 9 个国家级自然保护区开始开展社区共管的试点工作。1998 年，由荷兰政府资助的中荷合作森林保护和社区发展项目在云南省开展，项目涉及思茅市（今普洱市）、保山市、怒江州、德宏州的菜阳河、糯扎渡、无量山、高黎贡山、小黑山、铜壁关 6 个自然保护区。2002 年 10 月到 2008 年 10 月，GEF 实施了"林业可持续性发展"项目，由"天然林管理""人工林营造"和"保护区地区管理（PAM）"三部分组成，社区共管是 PAM 中的 1 个子项目——以社区为基础的自然保护的重要组成部分，该项目区涉及四川、湖南、海南、湖北、贵州和云南等省的白羊、泗耳、片口、小寨子沟、唐家河、八大公山、壶瓶山、尖峰岭、后河、白水江、梵净山、白马雪山及怒江 13 个自然保护区。社区共管工作陆续在其他自然保护区推广开展，如广东湛江红树林国家级自然保护区、青海三江源国家级自然保护区等。

尽管出现了众多不一样的名称，但其基本内涵是一致的，考虑的根本问题就是为了实现当地居民社区与所居住林区或自然保护区的协调发展。就我国而言，社区共管开展的实践主要有协议共管、共管委员会和项目共管 3 种形式。协议共管主要是由自然保护地及管理机构与社区签订共管协议，一般不成立共管组织。共管委员会是指建立共管组织机构，建立共管领导小组，组长由自然保护地管理机构领导担任，成立社区管理委员会。共管委员会以村委会为主，自然保护地主要负责社区工作人员作为共管委员会的人员。项目共管是通过社区综合发展项目来达到共管的目的，社区共管的 3 种管理实践在我国均有体现。

1.5　社区共管的目的与基本出发点

　　社区共管的目的，就是使当地社区和有关利益团体积极参与湿地共管过程的维护、管理工作。其主要目标是生物多样性保护和社区可持续发展的结合，通常是指当地社区对湿地的规划和使用具有一定的职责，社区同意在持续利用资源时与保护区生物多样性保护的总目标不发生矛盾。同时，政府相信当地社区居民的能力并给予必要的支持和帮助。当地社区在利用湿地的过程中，居民为自己提供管理资源的机会并规定自己的责任，明确自己的要求、目标和愿望，明确所进行的活动涉及自己的福利，从而自觉地成为自然生境和生物多样性的管理者、保护者与维护者。

　　共管的基本出发点：

　　(1)促进有效的自然资源管理。

　　(2)减少冲突。

　　(3)为当地人提供服务和收入，减少贫困。一方面，缓解管理上的压力；另一方面，采取一些有效的措施，如发展基金、基础设施建设、技术培训等，为当地群众提供服务，创造适当的就业机会，减少社区贫困。

　　(4)赋权给社区。共管就是承认社区居民有参与管理的权利，其过程就是赋权给当地的社区。

　　(5)发挥社区在自然资源管理方面的能力和作用。社区在长期的生产、生活中形成了很多有效的资源利用方式、村规民约和乡土知识，可以促进自然资源的有效管理。

　　社区共管的核心：

　　(1)资源为对象。

　　(2)民主参与。

　　(3)利益共享。

　　(4)权属和权利统一。

1.6　社区共管的主要意义和作用

1.6.1　将社区的自然资源纳入到整个保护体系中

在生物多样性保护项目中采取社区自然资源共管的方法，可以将社区的自然资源纳入到整个保护体系中，使生物多样性保护的系统性增强。

在我国和世界上大多数国家，都存在自然保护地同社区在地理上的相互交错，也就是说社区所属的自然资源往往同自然保护地所属的自然资源在地理分布上交织在一起，在这种情况下，如将社区排斥在保护区的管理之外，就等于将其所有的自然资源从一个完整的生态环境系统中割裂出去，造成生物多样性系统的不完整。

1.6.2　消除保护地同社区的对立关系

在社区自然资源共管中，社区是自然资源管理者之一，这就消除了被动式保护所造成的自然保护地同社区的对立关系。在共管中社区既是自然资源的使用者，又是管理者，并且使用是在科学合理规划的基础上的可持续利用，管理是本着有利于生物多样性保护和当地社会经济发展两个基本原则进行的，因而，通过社区自然资源共管就使得社区从被防范者的地位变成了保护者。

1.6.3　使社区从受害者变成生物多样性保护的共同利益者

在社区共管中，通过了解当地社区的需求、自然资源使用情况、自然资源使用中的冲突和矛盾，以及当地社区社会经济发展的机会和潜力，可以采取多种形式帮助当地社区解决问题，促进其发展，使社区从单纯的生物多样性保护的受害者变成生物多样性保护的共同利益者。从辩证的角度分析，发展和保护是既矛盾又统一的运动过程，矛盾表现在微观和短期利益的冲突上，而统一则表现在宏观和长期利益的一致上。

1.6.4　改善保护区同当地政府之间的关系

在社区自然资源共管中，给当地社区提供了充分参与生物多样性保护工作的机会。一方面，通过当地居民、社会团体、政府机构和其他组织的参与，促进了他们对生物多样性保护的了解、增强了生态环境意识及对有关法律政策的了解和认识，这对他们改变对生物多样性保护的态度和遵纪守法的自觉性是非常必要的。另一方面，通过共管中的参与，加强了自然保护地同周边社区的联系，特别是为自然保护地改善同当地政府之间的关系提供了很好的机会。

社区共管的作用表现在：①缓解了自然保护地与周围社区的矛盾，使社区从被防范者变成了保护者。②使社区从单纯的生物多样性保护的受害者变成生物多样性保护的共同利益者。③提高了村民的自然保护意识。④加速了实用技术的普及和推广，提高了资源的利用率。⑤增加了村民的收入，推动了示范社区经济的发展。⑥提高了自然保护地对共管工作的认识和工作人员的能力等。

1.7　社区共管的类型

社区共管的类型如表 1-1 所示。

表 1-1　社区共管的类型（根据共管对象划分）

共管类型	共管者之间的关系	共管的目标	共管的主要方式	共管的时间
自然资源共管	地域的相邻；资源的共同拥有或拥有的资源相互依存；外部援助	目标是多重的，有经济的、社会的和生态的	援助性、协议性的、共同开发等	一般较长
基础设施共管	地域相连；行政隶属关系；共同投资	目标主要是社会的和经济的	协议性的、共同投入性的、行政管理性的	可长可短
生产项目共管	利益相同	主要目标是经济收益	共同投入性的	相对较短
文化教育事业共管	行政隶属关系；外部援助	主要是社会效益	协议性的、援助性的、行政管理性的	一般较长

1.8　社区共管存在的问题

许多研究在案例分析的基础上提出社区共管中存在的问题，主要包括以下几种：

(1)社区参与程度不高。

(2)在社区投资基金选项上，与现代农、林、牧等方面专家交流不够，从而使所选项目缺乏持续性。

(3)社区考虑过多的是发展经济，而忽略对自然资源保护的责任，将社区共管简单片面地理解成扶贫。

(4) 自然保护地未将社区工作真正地纳入重要的议事日程上来。随着国际援助项目的结束，社区工作基本被自然保护地所抛弃。

(5) 共管后续活动缺乏项目预算。

(6) 社区共管人员缺乏必要的相关背景知识和共管经验。

(7) 共管委员会不具有可持续性。

1.9　社区资源管理计划的制订

社区资源管理计划——由一系列图及附带的具体社区自然资源使用和管理的规定组成。

1.9.1　社区资源管理计划的内涵

自然保护地是建立自然资源共管的基础，是提出消除或减少对有价值的生物多样性资源威胁的方法和途径。

社区资源管理计划由社区、保护区和地方政府同意的计划和规定组成。

社区资源要采取可持续利用方式。

1.9.2　社区资源管理计划的基本内容

(1) 概况 (基本情况)：计划的地名、计划的参与者 (或共同利益者)、制订计划的人员、制订计划的时间、计划的有效期等。

(2) 现状描述：社区自然地理位置、自然资源、社区社会环境、社区经济、自然资源利用、组织机构、科技普及、推广服务等。

(3) 管理措施：计划的目标、自然资源的利用和规划、以社区为基础的保护体系、社区发展项目和社区项目管理等。

1.9.3　编制社区资源管理计划的基本步骤

(1) 成立编制小组。

(2) 相关利益群体分析。

(3) 社区调查。

(4) 绘制现状图。

(5) 确定问题冲突。

(6) 提出解决方案。

（7）编制管理计划。

1.10 社区共管项目

1.10.1 为什么设计项目

（1）共管激励参与的手段。

（2）探索解决问题的途径。

（3）提高社区的组织管理能力。

1.10.2 社区共管项目的类型

（1）经济发展型——以经济收益、均衡发展和资源利用地保护影响为主要目的。

（2）社区服务型——以提高社区生产、生活质量及资源利用效率为服务目标。

（3）资源管理型——以提高资源的利用、保护和管理水平为目标。

（4）宣教普及型——以提高保护地认识水平为目标。

1.10.3 社区共管项目的选择

（1）经济发展型项目的选择：

①资源节约的可行性；

②参与的可行性；

③经济效益的可行性；

④技术的可行性。

（2）社区服务型项目的选择：

①社区广泛需要；

②技术具有普遍推广的可行性；

③有维持项目持续的有效方法；

④成本在项目的支出范围内。

（3）资源管理型项目的选择：

①村民有强烈意愿；

②有政府的相关政策；

③有项目的其他活动促进。

1.11　社区共管的基本步骤和方法

进行自然保护地共管一般要经历以下几个阶段：

(1) 如何成立启动小组，启动小组成员有什么具体要求。

(2) 本底调查的内容。

(3) 如何进行本底资源调查。

(4) 如何进行相关群体分析。

(5) 如何选择共管试点的社区。

(6) 如何制订行动计划。

(7) 如何组建共管机构。

(8) 如何编制社区资源管理计划。

(9) 如何制订共管计划。

(10) 共管协议的内容。

1.12　社区共管行动计划

1.12.1　制订社区共管行动计划的步骤

选定社区后，要进行共管活动行动计划的制订。

(1) 初步计划：共管启动小组和保护区管理人员共同制订出一个初步的行动计划。

(2) 开会讨论：安排一个或一系列会议和社区共同讨论行动计划。

(3) 意见征询：召开一次村民大会，介绍行动计划，征询社区村民的意见和建议。

(4) 确定计划：根据反馈修改计划，在行动计划和时间安排上达成一致，并确定行动计划。

1.12.2　行动计划的内容

(1) 进行社区共管的原因、目的及意义。

(2) 进行社区共管活动的基本步骤，包括进行初期的调查、需求评估、问题分析、制定自然资源利用规划等。

（3）明确执行行动计划中各项活动的负责人选及农户参与的途径和条件。

（4）列出开展活动的大致时间和地点。

1.12.3　制订行动计划的注意事项

制订行动计划要保证社区群众的参与，保证社区群众从一开始就了解共管活动的内容、目的和做法。

在进行社区讨论之前要向参与村民解释清楚什么是共管、共管的目的和意义。

在确定农户参与时，要强调欢迎社区中弱势群体的参与，并为其提供必要的条件。

在进行时间和地点的选择时，最好是根据村民的农事时间安排和意愿来确定。

1.13　社区共管协议

1.13.1　社区共管协议包括的内容

（1）共管合同的对象、类型及合同双方的身份。

（2）开展共管工作的资金和其他投入、合同双方的责任，以及和义务共管所产生的利益分配形式。

（3）有关保护、参与及资源的合理使用，合同的双方各有什么责任和义务。

（4）对合同双方如何进行监督和管理，如出现违约，如何处理。

1.13.2　社区共管协议签订的注意事项

社区共管协议中所规定的各项条款要与当地社区中的相关群体进行协商，尊重社区居民的意见。

采取有效的方式，保证共管协议的真正实施。

要让社区的相关群体对实施共管的利益有非常清楚和细致的认识。

在具体的协议签订中，要充分发挥地方组织，如村委会等的作用。

1.14　社区共管调查

世界银行和全球环境基金（GEF）资助的中国自然保护区管项目即 GEF 项目，其三大重要工作之一是社区共管，即共同参与保护区保护管理方案的决策、实施和评估的过程。

　　而社区共管工作所应用的参与式乡村评估（PRA）方法给各资助的自然保护地引入了一个全新的概念。使用 PRA 方法的目的是收集社区社会经济等方面的信息，以便制订"社区资源管理计划"。

1.14.1　参与式乡村评估(PRA)方法

　　PRA 方法是一个系列方法,它包括:

　　(1)季节性日历,用来收集了解一年中社区村民对自然资源的不同利用方面的信息。

　　(2)历史趋势矩阵和自然资源使用矩阵,用来收集了解社区不同历史时期的资源获得程度和退化程度。

　　(3)非正式访谈和半固定访谈。半固定访谈就是先设计一些问题,以这些问题做指南,问一些相关问题的访谈。这两种形式的访谈是为了获取某个问题的定性化信息。

　　(4)冲突矩阵,用以了解社区村民之间特别是社区同自然保护地之间在自然资源利用等方面的冲突。

　　(5)对比排序,用以了解社区同自然保护地冲突的相对严重程度。

　　(6)贫富划分,用以了解社区贫富状况和不同贫富阶层对自然资源的利用情况。

　　参与式乡村评估是一系列方法的总和,通过多种手段与工具,充分引导当地群众参与调查过程,并使当地群众自主、积极地参与完成一系列调查工作,以使外来者短期内迅速了解当地自然、社会、经济状况,使调查者和当地群众一起为未来的发展共同做出决策和计划,让村民成为调查评估的主体力量。

1.14.2　社区调查中常用的 PRA 方法

1.14.2.1　资料回顾与分析

　　(1)明确收集的目的。

　　(2)着重收集的信息和资料。

　　(3)着手收集其他二手资料。

　　(4)初步分析。

　　(5)制订继续收集资料的计划。

1.14.2.2　绘图和模型类 PRA 方法

　　(1)社区地图:指由 PRA 外部促进者和社区居民共同参与绘制的反映社区的范围、

资源及土地的种类与分布格局、村落及社区机构的位置分布，以及河流、道路、通信、电力网络等现状的图面资料的过程。

（2）横断面行走图：横断面行走图是一张能够反映社区生态系统最大变化、土地利用现状及土壤类型等的剖面图或垂直截面图。

（3）矩阵图法：所谓矩阵图法，就是将要了解的问题或信息以各种对应关系绘制成简单的矩阵图，对矩阵的各横向单元要素与纵向单元要素进行比较，就可以得出对比要素的重要程度。

矩阵具体就是：在一张大纸上或地下画一个由许多小方格组成的大方格，大方格大小要便于操作，大方格的左纵小方格和上横小方格内为所要了解的信息内容，其他小方格为所要了解信息打分的格。打分采取的办法是，分数为 0~10 分，以放入小方格内小豆粒、玉米粒或其他可计数的东西为代表，小豆粒的多少代表了打分的高低和所要了解信息的情况，将调查的社区村民根据实际情况分为若干组，每组村民围在大方格四周，根据他们对所要了解信息的实际情况相互商量确定放入小方格内小豆粒的数目。

1.14.2.3　归类划分法

归类划分是对社区进行各类结构分析的重要手段，最常用的是社区贫富划分。贫富划分的目的是根据财富的多少把村民划分成不同的社会经济等级群体，以确定不同的社会经济群体在资源使用方面的差异。

1.14.2.4　访谈类技术

访谈有 3 种基本类型：固定结构、非固定结构和半固定结构。

固定结构指按统一的调查表格开展的一种正式的、固定内容的访谈。

非固定结构访谈的特点是访谈者只是根据预先想好的、一个大致的目标向被调查者提问题。

半固定结构访谈指根据事先拟定的问题框架，访问者与被访问者采取对话式双向交谈，获取采访者需要的信息。

访谈技巧包括以下 6 种：

（1）访谈准备：其中至少包括一名女性。

（2）接近访谈者：避免乘坐高级交通工具。

（3）征求被采访者意见：是否可以拍照等。

（4）询问基本情况：先简单易答的。

（5）致谢。

（6）信息汇总。

PRA 方法从形式上看有以上几种方法，但从其内涵来理解，PRA 方法内涵更丰富，外延更广。因为 PRA 方法强调的是参与，并且这种参与不分年龄、性别，是一种由被动参与到主动参与的方法，要特别指出的是 PRA 方法强调妇女参与的重要意义。它是信息收集特别是在社区从事信息收集的良好方法。

进行社区共管，就是让社区村民成为自然资源保护和利用的"主人"，让社区村民自己当家"管理经营"自然资源，使自然资源永续利用，又使生物多样性得到保护。因为进行社区共管首先就需在获取社区基本资料的基础上编制"社区资源管理计划"，而获取社区基本资料和编制"社区资料管理计划"，都是同社区村民共同进行的，进行这些工作都离不开 PRA 方法，即社区村民的所想、所求，解决的办法均出自社区村民自己，都是社区村民自己提出的，都是在社区村民充分参与的基础上完成的，充分吸收和尊重村民的意见和建议，使社区村民真正认识到自然资源与他们生活水平的提高密不可分、息息相关，他们也就可以实实在在地爱惜资源，保护资源，并使各种规章制度真正做到有效的监督、贯彻、执行，使生物多样性得到有效保护。

借鉴 PRA 方法进而进行社区共管，在一定程度上会解决社区经济发展问题和生物多样性保护问题，也会使自然保护地内及毗邻社区由原来的被动发展只利用资源变成积极主动发展永续利用资源的造血者和生物多样性的保护者。

第 2 章　湿地公园社区及利益相关者管理

湿地公园具有多重价值的特点，能为不同的社会群体提供利益，从而把不同的社会群体联系在一起，这些社会群体就形成了湿地公园的共同利益相关者。湿地公园的开发和保护所涉及的利益主体很多，其中包括：湿地管理部门、当地政府部门、周边社区居民、非政府组织及其他一些群体。而这些利益主体在各自的利益需求上存在一些矛盾冲突，这就需要对各个利益主体进行协调和整合。湿地公园的开发和保护需要依赖这些利益主体的通力合作，任何一方的退出或实施机会主义行为都可能使其他利益主体的利益蒙受损失，甚至危及湿地公园和周边社区的整体利益，利益相关者理论要求湿地公园重视利益相关者的利益诉求，协调他们之间的利益冲突，实现对湿地公园的可持续开发和保护。

2.1　国家湿地公园管理与社区发展的矛盾和问题

2.1.1　湿地公园与土地管理和土地所有权的矛盾

自 20 世纪 80 年代进行土地改革以来，大部分的土地已经经过初期抢救性划建，山林权属为集体所有，水资源与湿地土地权属一直又处于多重管理的状况，国家湿地公园或者其他自然保护地缺乏土地所有权。

虽然，划建国家湿地公园或者其他自然保护地在形式上由地方政府确定管理权属的多少，实际上，原来土地的经营者、管理者、使用者并不一定是全部知晓。湿地公园与土地管理和土地所有权的矛盾一直存在。

土地资源需求增大。这种矛盾的产生是必然的，冲突主要体现在对湿地滩涂的需求上，芦苇扩张、杨树种植都需要更多的土地。

农村建设、土地开发等都给湿地公园的土地管理带来困难。

2.1.2　自然资源利用方式上的矛盾

长期以来，国家湿地公园或者其他自然保护地丰富的自然资源为生活在这里的人们提供了生存的物质条件，各种动植物资源是他们生产、生活和发展经济的物质基础。划建保护地后，国家湿地公园或者其他自然保护地一般都应该实施禁止采伐、狩猎等的法律和政策，冲击了村民传统的"靠山吃山"的资源利用方式。在一定程度上，村民认为保护地的存在限制了他们的经济发展。

农业种植与湿地保护之间存在的矛盾是湿地公园自然资源利用面临的主要矛盾。一般湿地周边存在大量农用田地，在农业种植的过程中需要使用农药与化肥等化学物质提升农作物产量。根据研究，农药的化学物质被控制在自然消化的范畴内时，其对湿地的影响并不显著，而当化肥使用程度超过湿地自净能力时，湿地生态便会遭到破坏。而近年来随着农业需求缺口巨大，化学物质的使用与湿地保护之间出现了矛盾。农药的大量使用、农业污水的排放对湿地造成污染，对湿地动植物的生态环境造成影响，严重时甚至导致物种死亡。

2.1.3　生活水平提高与湿地保护之间存在的矛盾

湿地能够消化纯农业垃圾，但对于工业垃圾却难以消化。而随着居民生活水平的提高，工业垃圾开始增多，湿地污染也开始加重。需要说明的是这种工业污染包括直接污染与二次污染。直接污染是指居民直接丢弃工业垃圾造成的污染；二次污染是指居民在对工业垃圾进行处理的过程中所造成的污染，如空气污染与废水污染。据调查显示：在临近居民区的湿地河口中已经出现了凤眼莲污染指标性植物；渔业的鱼塘养殖对湿地的生态环境造成影响，鱼塘的建立易破坏湿地的天然植被与天然水资源、减少湿地的面积，鱼塘使用网箱养鱼的方式易影响湿地野生鱼种的生存、减少湿地原生鱼类的数量。

2.1.4　对社区共管的认识仍不足

在国家湿地公园或者其他自然保护地一些重大问题的决策上，社区居民的参与表现出被动式、短期性的特征。少部分村民参与社区共管是因为看到了直接的利益，一旦他们的利益不能被满足，或者利益取向发生变化而没有被及时考虑，必然会降低他们参与的意识和积极性，甚至会有不合作的行为。而事实上，社区共管并不完全是出于利益考虑的。

2.1.5　居民环保意识与湿地保护存在的矛盾

居民环保意识与湿地保护之间的矛盾具体表现在 3 个方面：

(1)垂钓。随着人们生活质量的提高，垂钓成为一种接近自然、陶冶情操的休闲娱乐活动。但是不文明、不环保的钓鱼行为对湿地的水资源、鱼类资源造成破坏，具体表现为废弃物的随意丢弃、小型鱼类或鱼苗的肆意捕捞、刺钩型鱼钩的使用等，这些行为不符合可持续发展的原则与环境保护的要求。

（2）填土。居民的填土对湿地的破坏表现为：其一，湿地面积的减少、湿地原生态环境的破坏，不利于湿地的水土调节；其二，湿地生物生存环境的损害，不利于湿地生物的繁衍，造成湿地动植物物种的减少。

（3）对绿化树木的践踏。由于居民环保意识的落后，对湿地周围绿化植被的肆意攀折与践踏，造成湿地植被面积减少，导致湿地周边的水土流失、空气净化能力减弱等现象。

2.1.6　生态补偿没有或者过低

国家湿地公园或者其他自然保护地大部分是以集体林为主建立起来的保护区域，区内居民为了保护地的建设发展和生物多样性保护，做出了巨大的贡献，但是，普遍存在生态补偿没有或者过低的现象，区内的群众意见较大。

2.1.7　社区共管资金投入不足

由于国家湿地公园或者其他自然保护地一般地处偏僻、交通不便，当地社区居民观念较落后，发展基础较薄弱，加之长期直接利用自然资源的落后的生产、生活方式，导致社区经济的发展需要很大一笔启动资金，用于宣传、基础设施建设、教育培训、技术指导等工作。一些社区共管项目在最初投入资金开展后，后续资金不足，无法达到进一步推广和宣传的效果，也导致较难争取到更多项目资金的支持。社区共管资金投入和后续保障的不足将成为制约国家湿地公园或者其他自然保护地的社区共管工作继续发展的矛盾之一。

2.1.8　群众的社区共建共管意识不强

一般国家湿地公园范围较为宽广，周边存在许多自然村庄，这些村庄主要归属于地方政府管辖。

在湿地公园建设中，干部职工思想上不够重视，认为宣传工作是一项"务虚"的工作，宣传工作做得好与坏跟单位在职能发挥、经济社会效益、上级主管部门主要考核指标的完成没有必然联系，没有超前预见性，在社区共建共管工作宣传上往往以应付为主。加上用于宣传工作的费用偏少，没有注重影响长远的宣传工作，"软实力"难以得到加强，影响了社区共管与和谐社区建设工作的开展。

因此，周边许多村民对社区共建共管的目的及建设内容并不清楚，群众参与意识自然就不强，这给社区共管与和谐社区建设工作带来了一定的阻碍。

2.1.9　群众的社会公益意识不强

群众的"等靠要"思想根深蒂固,他们只片面追求现实经济利益,不注重公益性事业带来的长远利益,只要涉及村民的土地及林木的建设项目,就采取"大闹大解决、小闹小解决、不闹不解决"的行动,提出一些不合理的超标准赔偿。如在环湖路周边种植观赏性植物的绿道建设,村民提出不合理的赔偿要求,对绿道建设及保护生态工程带来的长远利益毫不顾及。

由于受群众素质及思想意识的束缚,加上对以往征地拆迁、社会保障、涉法涉诉、分配不公、移民等工作存在偏见,他们对湿地公园建设这一社会公益性事业并不热衷,有时甚至具有抵触心理。在湿地公园建设过程中,有些建设项目就受到周边村民的破坏。

2.1.10　群众的长远发展意识不强

湿地公园的建设必须加强与周边群众的协调工作,特别是在社区共建共管项目的建设上。由于周边群众只片面追求现实经济利益,不注重公益性事业带来的长远利益,部分保护工程项目建设在涉及周边村民土地山林时,常常要求超标准补偿,不给钱就阻工,不给钱就上访,不给钱就闹事。有一些群众为了达到自己的诉求目的,不拿起法律的武器来维权,该走司法程序的不走,动不动就上访、集体访、越级访,甚至闹、打、砸。

2.1.11　渔业资源过度利用

这类矛盾冲突既有法律授权与管理之间的矛盾,也有资源利用过度造成的影响。《中华人民共和国渔业法》和《中华人民共和国野生动物保护法》中有明确的规定,渔政部门对水域、滩涂的管理负有责权,对水生野生动物的管理进行明确的法律授权。湿地公园或者保护区都没有得到适用的法律和授权,而湿地的生物多样性保护又是湿地公园管理的重要职责。

同时,因为渔业资源急剧下降,在传统渔业捕捞方式难以获得更大效益的情况下,大部分渔民和下湖承办经营的农民采用"迷魂阵""电打鱼""壕坝捕鱼"等方式进行资源浩劫性的捕捞,甚至在保护区的核心区、鱼类的产卵地、洄游通道和禁渔期也无法禁止,进一步加剧了资源的衰减。

2.2　为什么要让当地社区及本土人士参与湿地管理

基于以下两个主要原因，让当地及本土人士参与湿地管理是有益的：首先，缺少当地及本土人士参与管理，便可能破坏许多湿地生态系统的长期可持续性。其次，当地社区及本土人士在湿地资源的可持续性利用中，享受到生活、娱乐、社会文化或精神上的益处。虽然，这两个是推动本地参与的最重要理论依据，但是，还有许多与管理相关的益处是值得考虑的。

经验证明，由不同利益相关者（特别是当地社区居民和本土人士）参与的管理制度，与那些缺少本地参与的管理制度相比，更具可持续性。而让当地社区及本土人士参与，可令各项管理活动更具可持续性。有些人将其称为"社会可持续性"，它是湿地资源的生态可持续性不可分割的一部分。

2.2.1　承担本地责任

社区为了避开外部机构加给他们限制而产生的不符合或不遵守的程度开始消失，取而代之的是管理关系、合伙关系及协作的态度。在有特定机构负责的情况下，该机构的责任会被分担，从而减轻了负担。在没有特定机构负责的情况下，则因权利和责任不明晰而导致开放湿地的退化现象。透过联合委员会的基本制度，不同团体必须对自身的行动负责，这亦为遵守联合协商的指标提供了施加压力的途径。

2.2.2　社区承诺

本地利益相关者成为保护过程的共同所有者（拥有者），从而建立一种承诺意识，并为健全的资源管理进行更长期投资做好准备。与社区建立的伙伴关系，其中具备一种执行共同确定的决议的承诺，使政府机构和利益相关者之间建立了更深的信赖。如果社区可能因为保护措施而受到损失，那么管理机制可以提供补偿。最重要的是，政府机构和本地利益相关者之间的联盟，通常都能有效防止非本地利益相关者的资源开发对保护和可持续利用造成的主要威胁。

2.2.3　有效监测

通过让本地利益相关者参与日常管理，自然资源的监测变得更容易、更有效。因为当地人士在湿地或湿地附近居住和工作，与不定期进行监测的专业人士相比，更有可能识别问题并更快地做出纠正。例如，当地人士可以防止各种有害活动，如非法打猎及排放污染物等。让本地利益相关者参与管理及监测自然资源，提高了民众对湿地价值及人类活动对湿地影响的认识。他们通过参与管理获得的知识和网络，还可以提高他们的能力，识别和处理其地区未来环境和发展问题，充分提高社区的环境意识。

2.2.4　社区安定

如果本地利益相关者或其代表参与确定资源未来使用的规定及参与到妥协当中，他们便倾向不受这些规定的威胁。当社区自身的生存依赖湿地资源时，这一点尤其重要。

2.2.5　减少执行的支出

长远来看，把某些管理责任托付给当地社区比传统的"保护主义者"方法更便宜。另外，由于是自愿遵守，本地参与还可以减少执行的支出。

一般来说，参与过程对建设社会的贡献在于为其承担各种社会职能和责任的本地利益相关者。然而，让本地社区参与管理的倡议在带来益处的同时，亦可能涉及费用的问题，这点也很重要。

2.3　社区共管的依据

2.3.1　湿地保护不能排斥当地人

随着社会经济的发展，人类活动范围不断延伸，人类开始了对湿地的开发和利用，如为增加耕地围湖造田，增加燃料砍伐薪柴，过度捕捞，采集药材，当人们开始对湿地的破坏有所警觉的时候，湿地周边已经聚集了大量的人口，并且已经和那片湿地建立了依存关系。建立封闭的保护区域意味着要剥夺他们对自然资源的所有权，剥夺他们业已存在的权利，改变他们已经习惯的生活方式，甚至要迫使他们离开祖祖辈辈生活过的土地，因而困难重重。而当地居民对参与湿地管理有特别的兴趣，特别是本地人对湿地管理拥有独特的知识、经验和愿望，他们了解其生活质量将从湿地的合理利用中获益。

2.3.2　湿地保护需要顾及公平性

湿地保护是为了保护生态系统，为了更广人群的利益，但这种保护是以牺牲当地人的某些利益为代价的。例如，在湿地保护区域禁渔、禁猎、禁止围湖造田会给周围的居民带来很大制约，限制了他们的生存空间。片面强调湿地的保护是一种不公平的现状，当地居民为了整个人类的生存和发展，为了保护湿地和生物多样性而失掉了很多发展机会，理应得到相应补偿，因此当地居民应当作为利益相关者来参与湿地保护，并从中受益。

2.3.3　公众参与的内在要求

公众参与原则作为环境保护的一项基本原则已为国际社会所普遍接受，它是民主主义思想在环境保护领域的延伸，是当代民主运动与环境保护运动的结合。从公共政策制定形成的过程来看，公众参与是指公众参与政策制定，从而确保政策符合民意及政策合法化的根本途径。现代环境保护领域中的公众参与是指公民有权通过一定的程序或途径参与环境利益相关的决策管理活动，使得该项政策符合公众的切身利益，且有利于环境保护。社区共管正是公众参与的一种有效方式，真正体现了公众参与的内涵。

2.3.4　社区共管的主要目标要求

社区共管是生物多样性保护和可持续社区发展的结合，通常是指当地社区对特定自然资源的规划和使用具有一定的职责，同时也是指社区同意在持续性利用资源时与保护地生物多样性保护的总目标不发生矛盾，并寻求改善保护地及周围社区群众生活水平的途径。相对以前的管理模式，这种共管模式不仅可以减少管理部门与社区居民之间的矛盾，提高管理部门人员的综合能力，还能使社区居民变被动保护为主动保护。我国的湿地公园应该借鉴先进国家在这方面的经验，并根据自己的实际情况不断探索创新，使社区共管模式发挥其应有的作用，在这条路上走得更好。

2.4　公园管理主体与社区共同管理的必要性

社区是自然资源的保护和利用者，是文化资源的传承者，是湿地公园的重要组成部分。湿地公园建设的重要目标之一就在于增进当地社区的发展和居民的福祉，国家湿地公园的管理和经营也需要社区的参与和支持。建立湿地公园从根本上改善社区居民的生产、生活条件，提供就业机会，创造直接和间接的经济收益，带动社区经济发展，让社区居民感受到生态环境保护带来的好处，才能真正使社区工作从被动变为主动，从根源上解决社区生态环境破坏的问题。

2.4.1　能调动当地居民保护湿地资源的积极性,使管理主体与参与主体二者关系相互协调、和谐统一

对于当地居民,如果他们从保护湿地的行动中得不到收益,对湿地保护就不会表现出多大的兴趣。片面强调保护是一种不公平的状况,由于当地社区居民失掉了一些发展的机会而遭受了损失,在短期内,当地社区居民应该获得一定的经济利益作为补偿。当然,利益的最终来源还是在生物多样性保护和资源的可持续利用中。要实现这一目标,就需要实行社区管理模式,社区居民在湿地公园管理处的组织下,参与湿地公园管理方案的决策、实施和评估过程,并作为一个集体利益者来承担责任和义务。

同时采取社区管理可以充分相信当地社区群众,依靠当地社区群众,尊重社区传统习惯及自身利益,通过调动当地居民保护湿地资源的积极性,使管理主体与参与主体二者关系达到相互协调、和谐统一,从而把湿地资源管理好,并使之可持续发展。

2.4.2　社区共管体制能充分考虑利益相关者的生存与发展需要

社区共管体制能充分考虑利益相关者的生存与发展的需要及共同分享湿地资源管理的责任与权益,在土地权属、利益分配等社会制度方面能够充分、密切地关注湿地经营和社区人民的利益关系,可有效调动社区成员共同参与湿地资源管理方案的决策、实施和评估整个湿地经营活动的全过程,并实现参与主体的真正受益,使其从主观上有认同感、稳定感和归宿感,并有利于生态文化的发展和建设。

2.4.3　社区管理突出了社区成员在湿地资源经营管理过程中的参与及主体地位

社区管理突出了社区成员在湿地资源经营管理整个过程的参与及主体地位,强调社区的决策权和受益权相统一,可有效避免在湿地资源利用与保护中的乱砍滥伐、非法捕猎等行为。

2.4.4　节约政府管理和资源保护成本,有利于实现经济效益与生态效益双赢

节约政府管理和资源保护成本,有利于实现经济效益与生态效益双赢,促进人类生活与湿地系统的生态平衡,是实现"人地共荣"、环境合理、经济高效、社会文明、生态系统健康发展目标的有效途径。

2.5 湿地公园与社区关系的一般分析

湿地公园不是独立存在的，或多或少地与周边生态—社会—经济复合系统存在某种关联和相互影响，而且距离越近彼此之间的这种关联和相互影响可能越强烈。社区是湿地公园周边生态—经济—社会复合系统的典型代表。湿地公园与周边社区在区位、生态和社会经济方面存在较强的关联和影响。在区位关系上，湿地公园与社区互为上下游关系；在生态关系上，湿地公园与社区互为"源"和"汇"；在社会经济关系上，湿地公园可能是社区重要的资源和经济来源，社区可能是湿地公园重要的可借景观和科普宣教、生态旅游的重要载体。

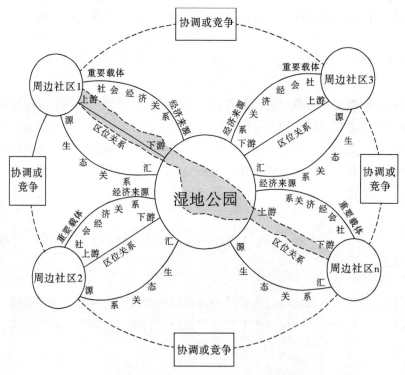

湿地公园与社区关系的一般分析示意图

2.6 湿地公园与社区的利益相关分析

利益相关者理论的思想雏形可追溯到 19 世纪盛行的一种合作或协作理念。"利益相关者"这个专业术语于 1963 年由斯坦福研究所首次使用,引起了学者的广泛关注。利益相关者理论是一种先进的管理理念,它的核心思想是:企业的经营管理活动要为综合平衡各个利益相关者的利益要求而展开,任何一个企业的发展都离不开各种利益相关者的投入或参与。企业追求的是利益相关者的整体利益,而不仅仅是某个主体的利益。利益相关者理论既区别于只考虑供应商和消费者的生产观念,又区别于只关注企业所有者、员工、供应商和消费者的传统管理观念。利益相关者管理理念是将政府部门、社区,以及相关的政治、经济和社会环境,乃至非人类的因素如自然生态环境等纳入其中,将企业的社会责任纳入到企业的日常管理中,这是一种全新的管理理念和模式。

在协调湿地公园与周边社区关系的研究中,对各个利益相关者的分析正成为一个重要的手段和方法。将利益相关者理论运用于协调湿地公园与周边社区的关系中,这种分析方法强调将各个利益相关者作为一个整体来考虑,全面考虑该整体的利益,而不是片面地保护其中某个或某几个相关者的利益而忽视其他相关者的利益。因此,决策者在决策过程中应该平衡各利益相关者的正当权益需求,协调好不同利益相关者之间的关系,争取不同利益相关者最大的合作,从而使整体目标得以顺利实现。

以湿地公园周边社区居民的利益需求为核心,与其相关的利益主体有湿地公园管理部门、公园规划师、当地政府部门、本地商户、旅游承包商、游客、非政府组织、工程建筑商,这 8 个利益主体的行为决定着社区居民的利益需求是否能得到实现。因此,要想达到协调湿地公园的开发和保护与周边社区利益关系的整体目标,可以从以上 8 个利益主体出发,寻找这 8 个利益主体分别与社区居民利益存在的矛盾,从而找到解决各个矛盾并实现总体目标的途径。

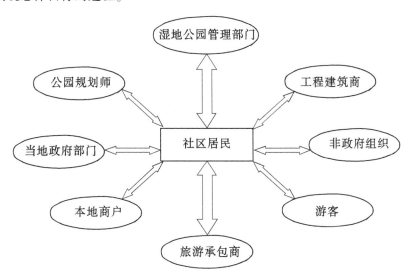

以社区居民为中心的湿地公园利益相关者图谱

2.7　社区共管过程中应注意的几个问题

2.7.1　参与和共管的关系

参与和共管概念上是有差异的，参与的范畴较大，共管的范畴相对较小，一般认为共管是参与的一种具体形式。共管要求有专门的机构、计划、实施和检查评估的过程，参与各方要有明确的责权关系。

2.7.2　共管条件

(1)社区参与及对自然资源共管的可行性论证。

(2)社区的社会经济环境是否适合进行自然资源共管。

(3)政策、制度、法律环境分析。

(4)社区风俗的分析。

2.7.3　共同利益者的确定及其对项目态度的分析

对主要的共同利益者进行如下一些专题性的调查：

(1)与县、乡有关领导进行有关当地社会经济发展及生态环境保护方面的讨论。

(2)与不同社会经济地位的村民进行有关当地社区社会经济发展方面的专题讨论。

(3)对保护区周边相关生产经营单位人员进行访谈。

(4)与湿地公园保护管理人员座谈。

2.7.4　共管中经济激励的问题

对社区经济激励的种类主要有以下几种：

(1)直接提供发展或发展项目的资金。

(2)提供定向发展优惠贷款。

(3)提供公共设施建设的物资。

(4)帮助建设公共设施。

(5)提供农业生产和其他经济活动的工具及设备。

(6)提供社区教育的资助。

（7）提供农业生产的生产资料。

2.8　共管中的冲突管理

2.8.1　冲突管理的概念

冲突管理指运用各种策略和手段为了特定的目标而对冲突进行的调解、解决活动，以防止现有冲突垂直（激烈程度的加深）和水平（地域或空间扩展）升级，最终化解冲突、缓解矛盾。

2.8.2　冲突分析

2.8.2.1　冲突分析的关键因素

冲突分析是冲突管理的第一步，目的是让利益相关者理性地了解冲突的原因及其发生、发展过程，了解他们在冲突中的关系，创造和建立相互理解与合作的条件。

2.8.2.2　常用冲突分析工具

（1）问题树。问题树是冲突分析中常用的一种工具，可以直观系统地分析整个冲突产生的原因，同时具有开放性和直观性，能够激发利益相关者参与到问题的分析之中。

（2）排序。根据一定的要求对调查问题进行评分，按分数高低排列顺序。

（3）冲突矩阵。找出最主要的冲突。

（4）利益相关者分析。确定冲突涉及的最直接和最主要的利益相关者。

2.8.2.3　冲突分析的步骤

第一，收集资料，鉴别冲突主题；

第二，分析冲突原因并排序，确认参与冲突管理的利益相关者；

第三，让不同利益相关者清楚各自在冲突中的立场、利益和需求；

第四，分析利益相关者之间的关系；

第五，分析各利益相关者的立场和利益，寻求与确认共同利益。

2.8.3　冲突管理策略

（1）双赢：指通过自己最有限的利益妥协和让步满足他方的基本利益目标，从而真正取得自己长足稳定利益目标的一种冲突管理策略。

（2）沟通：沟通是冲突管理的重要策略，指通过各种方法有效地促进冲突各方之间的信息交流和相互理解，在不同利益相关者之间的差异中寻找共同点和达成共同协议的基点为最终化解冲突创造条件。

（3）谈判协议的最佳替代方案（BATNA）：指如果不能达成一致协议，能够满足己方利益的最佳替代选择方案。冲突各方如果都能知道自己谈判协议的最佳替代方案，就能够对如果协商谈判没有成功，自己接下来应该怎样做心中有数，并且可以在谈判过程中不断改进自己的 BATNA。

第 3 章　社区共管理论的原则、形式与途径

随着国家对湿地资源的重视和保护力度的加强，湿地公园成为湿地保护系的重要组成部分。但是，湿地公园的开发和保护在给周边社区带来益处的同时也使社区的发展受到一定的限制。因此，湿地公园的开发和保护必须强调保护周边社区的利益，处理好湿地公园与周边社区的关系是对湿地公园进行有利开发和有效保护的重要前提。

3.1　社区管理的原则

3.1.1　开放性原则

相对封闭的管理无法达到社会资源的有效配置，湿地保护的社会本质属性决定了湿地管理要具有开放性。社会对湿地资源的管理和持续利用的要求，以及社会义务的履行，仅靠单一部门和行业的力量是无法实现的。因此，必须建立一个开放性的管理机制，以更开放、更灵活的方式管理共享资源，使利益各方义务共担、责任共担。

3.1.2　主动性原则

主动性原则是实现社区管理的基本保障。湿地保护依照公共资源管理体系建立，得到公共财政保障，代表政府和社会行使公共资源的管理权，较早地介入和分配有权益的社会资源。因此，为实现湿地生态系统保护和可持续发展，社区共管组织有主动承担组织更广泛的社会资源的义务。可以依照市场经济规律，通过建立社会价值评价体系、公共资源共享机制，推行产业开发运作模式、社会人力资源优化手段等，组织一切可能的社会资源来实现良性发展。

3.1.3　渐进性原则

渐进性原则是由湿地保护的客观条件决定的。我国湿地保护还面临着十分严重的生

存危机和发展危机，要实现社区管理需要阶段性、有步骤的放开。这一社会化进程还需要以系统研究为后盾、科学决策为先导、社会支持系统为保障。需要建立高效、统一的执法队伍，系统、完善的监测体系以实现严格、持久的保护管理；需要提供科学、规范的政策支撑，建立广泛、深入的协调机制，塑造稳固而值得信赖的合作团队，推行宽松、灵活的市场运作，独特、生动的保护品牌等。

3.2　社区管理形式

根据社会化管理的内涵和原则，结合我国湿地保护的实际情况，建议在湿地保护过程中，湿地公园应该加强与当地社区的密切联系，形成以湿地公园为主导的社区共同管理保护网络，建立"两位一体、社区参与、共同管理"的管理新模式。

两位一体，就是湿地公园与当地社区，通过协调和沟通，在落实科学发展观和可持续发展战略方面，在资源保护和利用涉及全局长远利益方面，双方的目标是一致的，应成为一个有机的整体。

社区参与，就是当地社区通过对湿地公园内资源保护和利用重大问题的共同决策，充分参与湿地公园的管理工作，达到共同管理湿地公园的目的。

共同管理，就是当地社区与湿地公园共同管理湿地资源，使保护管理工作不局限于湿地公园管理处，而是扩展到众多社区，由众多社区管理的节点编织成保护网络。

3.2.1　湿地公园管理中社区参与者的组成

湿地公园社区管理参与者可划分为以下几类：

（1）由当地农民组成的社区。农民居住在湿地公园内并直接占有和使用湿地公园内的自然资源。

（2）与湿地公园资源管理有直接利益的当地社区。如湿地公园涉及的乡镇的企事业单位的工作人员和行政村委会。

（3）湿地公园内资源的商业使用者（个人、公司等），他们与资源的关系是纯粹商业关系。

（4）湿地公园内资源的短期使用者，如旅游者。

（5）湿地公园社区的支持者，如环境保护组织、社会和个人团体、发展援助组织及某些个人。

（6）湿地公园内产品的最终用户。

（7）负责某种湿地公园资源的管理部门，如林业、旅游、渔业、水利部门。

政府部门在社区共管中起到了相当重要的作用，其最低投入应是一种政策和法律框架，它是形成管理战略和行动的基础，包含非政府组织有关利益方与资源管理过程的合法地位。其作用主要如下：召集有关各方参加讨论；与政府的其他部门联系；对引入或执行资源管理实施者给予奖励；必要时加强执法；当有关利益方之间发生争端又不能自行调解时，由政府出面协调解决；提供及时的财政支持；提供诸如基础设施的开发投入。

3.2.2 社区共管的主要内容

湿地公园的管理是一项比较复杂的全方位的工作，涉及部门多，地域范围广且复杂，仅凭政府行政主管部门管理很难达到保护效果。因此，必须结合湿地区域的实际情况，让老百姓参与一起管理，才有可能真正达到保护效果。湿地公园的建立伊始就需注意与湿地公园周边群众建立牢固的共生关系。湿地公园管理处作为直接管理机构，为提高周边社区群众的自然环境和湿地资源保护意识，使其自觉参与湿地公园的保护与管理，除了经常性地组织开展湿地资源保护宣传活动，也要利用自身技术和人才优势，帮助周边群众解决生产、生活上的困难，推广农林科学技术，为社区群众寻找并指导替代生计的项目，扶持社区发展经济，以逐步减少周边社区对项目区资源的依赖，逐渐缓解乃至最终消除对湿地公园的环境压力，为实现湿地公园和社区经济的可持续发展多做工作。

共同参与管理的内容有以下几方面：

(1)共同参与编制湿地、动物、植物和环境保护法规并共同执行。

(2)共同参与湿地公园管理系统的学习、培训工作，参与森林、湿地的保护宣传教育工作。

(3)实时进行环境监测，进行数据分析，提出保护的合理建议。

(4)共同编制参与管理的规划。

3.2.3 社区共管的方法

(1)通过共建组织进行参与，即以行政或政策手段建立明确的组织，社区居民同政府管理部门或其他性质管理责任人共同参与管理，明确责、权、利关系。

(2)通过技术、信息和服务系统对所管辖范围进行援助式的帮助，引导社区开展湿地生态旅游，拓宽就业门路。

(3)通过协议，明确利益关系，从而吸收更广泛的参与者参与湿地公园的建设与管理。包括对社区部分年轻女性进行上岗培训，纳入湿地公园导游队伍中；将部分村民聘请为保安、保洁、协调员等，提高湿地公园的管理能力。

(4)通过合资或股份制的形式，以资产或资金投入为联系纽带，进行广泛参与。

（5）通过生产或生活中的一些联系进行参与式管理。

3.2.4　社区共管的实施

社区参与管理的流程主要包括以下几个方面：

（1）社区共管组织的建立。

湿地公园管理处作为组织单位，成立社区共管领导小组，领导小组组长由地方乡镇领导担任，成员由湿地公园相关领导、湿地公园范围内各村村主任担任。领导小组的主要职责是指导、协调社区共管活动。

在社区共管领导小组下，各村分别成立社区共管委员会，社区共管委员会成员由村民代表、村干部、乡干部组成，其职责为：组织制定共管公约和共管协议，收集整理社区基础数据和资料，分析社区矛盾冲突和需求，编制社会经济调查报告和社区资源管理计划，设计社区发展项目，并监督实施；在社区开展公共意识和资源保护教育活动，在社区建立并管理社区发展基金，开展社区资源保护示范活动，对社区进行生产技能培训。

（2）社区共管内容的实施。

①为确保社区共管工作能有序进行，必须有计划分步骤地按社区共管规划实施。在实施过程中，对存在的问题、解决办法、实施时间与责任人进行确定。

②开展宣传教育，增强环保意识。

③管理责任人要随时调查了解社区对资源利用的需求。

④为社区居民提供信息与技术支持。

⑤建立适当的补偿政策制度和社区发展基金。积极开辟渠道，筹措社区发展基金。尽可能地为社区居民提供优惠信贷。

⑥协调地方关系，扩大社区参与、保护力度。

⑦建立切实可行的生态保护和资源利用机制。

3.3　社区共管的特点

从社区共管的具体内容可以看出，它有以下几个方面的特点。

3.3.1　平等性

社区和湿地公园在共管中不再是对立的管理和被管理的关系，而是平等、友好、协作的伙伴关系。作为自然资源的管理者和受益者，二者有着共同的目标、共同的责任和义务。湿地公园通过外部的经济刺激，引导社区增强自我发展能力，同时在社区经济上得到帮助后，共同管理好湿地公园的资源。从地位上看二者是平等的，从保护资源的角色上看，它们也是互为补充、互相促进的。

3.3.2　广泛参与

社区共管不是某几个人、几个村的活动，而是全社区内及周边村民的集体活动。因此，要求社区的各个群体——贫、富、妇女、老人、中青年、中小学生等都广泛参加。在深入参与过程中，既能使村民了解湿地公园资源的受威胁状况，理解社区共管的本质，以便在实践中教育、感化村民；又能使他们在参与过程中得到收益，改善经济状况，并在实践中让他们体会到自己确确实实是自然资源的主人。

3.3.3　民主决策

民主决策即要求社区共管中的每一步骤，都要由大家集体决定，而不是某一个或几个人说了算。一方面，这样能调动村民参与的积极性；另一方面，在民主决策的过程中，能使村民真正理解资源规划、保护体系的含义，正确把握经济发展和资源保护相协调的重要性和紧迫性，并积极付诸行动。

3.3.4　自我发展

与其他扶贫项目不同，社区共管注重结果，但更注重过程。它试图通过外部力量的推动和促进，让社区认识自己、了解自己、发展自己。其重在培养村民分析、解决问题的能力，使社区在离开外部力量的支持时，也能够依靠自身特点和能力，解决资源利用与经济发展方面的冲突，实现资源的可持续利用。

3.3.5　兼顾保护和发展

与其他扶贫项目不同的是，社区共管要达到两个目标，既带动社区发展经济，又促进社区对资源的共同管理。在实际操作中，这两个目标往往很难协调，有时偏重于保护，有时偏重于发展，需要在实践中不断探索、研究、创新，才能与上述目标一致。

3.4　如何选择和确定社区共管项目

3.4.1　根据现行政策和法律内涵确定

政策和法律法规表明了社区共管的社会环境，从总体方面指出了社区项目总的目标和大的范围。社区项目应该始终坚持在国家政策和法律法规允许的范围内开展工作，应该始终保持和当地政府的发展目标相一致。比如《中华人民共和国自然保护区条例》第五条规定：建设和管理自然保护区，应当妥善处理与当地经济建设和居民生产、生活的关系。《河南南阳白河国家湿地公园总体规划》指出：建立联合保护组织，开展社区共管。制定管护公约，开展公众教育，扩大社区参与，共同做好自然保护地管理工作。这些政策和法律规定为自然保护地开展社区项目提供了可行性依据。

3.4.2　根据项目目标和要求确定

项目来源不同，其理念、目标、要求不同。根据项目目标和要求确定项目是保证满足项目资助方条件，并获得认可的前提。

目前，国家关于新农村建设、美丽乡村建设、乡村振兴等政策带来的项目，为湿地公园社区管理项目带来前所未有的机遇。

3.4.3　根据湿地公园需求确定

每一个湿地公园都有自己的总体目标和管理计划。正确分析和认识社区对湿地公园管理和总体目标实现的影响，妥善解决相关矛盾，有利于推动湿地公园的建设和发展。

3.4.4　根据社区需求确定

共管项目必须是社区所需求的，但是并不是所有社区需求的都可以作为共管项目。要选择与保护有直接关系、公益性强、相关利益者多、教育意义大、有条件实施和便于实施的项目作为共管项目。

3.4.5　根据共管机制需要确定

社区共管最终都要建立一种保护与社区经济协调发展的机制，国家现行保护政策对野生动物损害庄稼等具体问题，由于种种原因未能妥善解决，群众觉得只有保护的义务，没有从保护中受益，不能调动村民参与保护的积极性。联合参与式保护项目由湿地公园提供设备和补助，建立集体林巡护和反偷猎体系，保护了群众的长远利益。同时，通过农电改造扶持、农特产品收购站扶持、资建粮食加工厂等活动，使村民认识到保护与经济是可以协调发展的。观念的转变调动了社区组织和群众参与的积极性，又为湿地公园介入社区资源管理提供了机会。传统的社区项目范围基本锁定在保护部门，资金不足、影响小、缺乏主动力量，尤其缺少企业、公司等社会力量参加，形成了输血式的效果。联合参与式保护项目吸取国际先进理念和经验，紧密结合市场经济特点，争取非传统保护部门参与，达到人尽其才、物尽其用的效果。既有增强项目持续性，弥补投入不足，补充和衬托政府保护工作的作用；又是扩大参与和影响，增强项目自身动力的有效途径。

3.4.6 共同利益和能做的贡献是确定项目的基本因素

社区共管是一个合作共建过程。联合参与式保护项目设计中，湿地公园应该认真分析各合作方的利益所在。政府部门通过参与可以引进项目，扩大政绩，推动区域经济发展；商户、厂家可以搞活经营；社区村组通过参与项目实施直接促进了经济发展，减少了对资源的过度依赖和消耗，同时维护了群众的长远利益。

3.4.7 社区环境、经济、技术保障和能力是确定项目的重要因素

社区环境和能力是项目可行性的基本和重要条件。从不同的角度选择和确定项目会有不同，实施起来可能比较简单，也可能十分复杂。但是项目的确定必须考虑是否与当地政府的法律法规和社区的发展目标相一致，必须考虑经济保证、技术保障、群众基础、组织和管理能力及交通、通信基础设施的影响。

3.5 选择和确定社区共管项目应注意的问题

3.5.1 社区共管项目不是政府扶贫

根据保护与机制需要来设计共管项目，共管不是扶贫，不可能满足社区方方面面的需求。尽管社区需求是选择共管项目的基本因素，但不是决定因素。在满足项目要求和机制需求的条件下，社区共管项目的设计应该尽量满足社区基本的生活和发展需求，以

便激励群众积极参与，减小共管活动阻力。

3.5.2　不能以保护需求压倒合作方利益

社区组织和个体经营者相对于湿地公园往往处于弱势，充分考虑经营者基本的和合理的需求是正确设计共管项目，建立公平、公正、牢固的合作关系的基础。

3.5.3　创新性是社区共管的重要特征

实施社区共管在我国是一种新的保护理念的尝试，没有固定的模式，项目的选择和确定也不可能千篇一律。创新性是社区共管的重要特征，任何项目不可能完全适用于各种社区情况，因此要具体问题具体分析。认真总结经验，在理念和方法上不断创新，积极探索，努力完善。

3.6　社区共管的主要实践途径

3.6.1　建设生态社区

建立生态社区后，在国家湿地公园或者其他自然保护地内设社区事务科，处理涉及生态村的日常事务。制定生态村社区发展示范规划，创立社区参与机制，凡是涉及社区居民的重大决策，给社区居民提供参与、知情机会，使湿地公园的管理更加透明化，湿地公园制定的有关规定措施更加符合民情。

国家湿地公园或者其他自然保护地组织村民依法选举产生生态村村民委员会，村民委员会除了负责办理生态村的日常事务，还将保护地自然环境和资源保护列入工作内容，对国家湿地公园或者其他自然保护地涉及社区的重大事项建言献策，参与国家湿地公园或者其他自然保护地管理，协助国家湿地公园或者其他自然保护地开展资源管护工作，并接受国家湿地公园或者其他自然保护地的考核监督。

3.6.2　建立联合共管机构

在当地县、镇人民政府和有关部门的支持下，国家湿地公园或者其他自然保护地与社区建立联合保护委员会，邀请地方政府领导担任联合保护委员会主任委员，制定《联合保护委员会章程》和《联合保护公约》。联合保护委员会每年不定期召开会议，研究实施社区共管的新思路、新方法，协调、解决国家湿地公园或者其他自然保护地建设发展过程中出现的新问题。此外，还由国家湿地公园或者其他自然保护地出管护费，组建生态村资源管护队，共同管护国家湿地公园或者其他自然保护地的自然资源。

3.6.3　加强社区基础建设

国家湿地公园或者其他自然保护地应该积极争取政策扶持，协调有关部门扶助、筹资支持生态村完善电力、交通、通信等基础设施。在环境卫生方面，国家湿地公园或者其他自然保护地通过资金和技术支持，发动社区群众改水改厕，建设垃圾处理池、沼气池和无害化厕所。在教育设施方面，山区的孩子上学难问题一直困扰着社区群众，由于文化普及率不高，也加大了国家湿地公园或者其他自然保护地管护工作的难度，针对这一问题，由国家湿地公园或者其他自然保护地牵头，联合有关单位，解决村民子女教育问题，并对经济困难家庭子女结队帮扶。

对社区内的基础设施建设，要积极争取项目资金予以最大的支持，以切实改善社区的生产、生活条件，并力所能及地为社区的经济发展项目给予技术和资金扶持。帮助社区探索一些适合当地经济发展的项目，扶持和发展有利于自然资源保护的经济产业，增加社区群众的经济收入，对社区群众喜爱和发展积极性高的建设项目进行推广，特别是要重视和保护好公路和水体沿线的林木和湿地，努力营造国家湿地公园外围的绿色防护屏障。

3.6.4　推广社区共管宣传

国家湿地公园或者其他自然保护地积极利用各种渠道开展广泛而深入的宣传工作，在抓好国家湿地公园或者其他自然保护地管理机构工作人员对社区共管的概念、目标、内容、方法及意义有了明确认识的基础上，还针对学生及村民开展形式多样的宣传教育活动，使自然保护意识深入人心，并主动加入到自然保护行列中。如制作有关国家湿地公园或者其他自然保护地动植物资源、生态保护法律法规内容的宣传片，定期到社区组织播放；制作宣传挂历和宣传资料每家每户免费发放；每年在防火期组织到社区放电影、文艺演出等。充分发挥青少年科普教育基地作用，组织大学师生开展科教文化下乡活动，为希望小学提供教学设备和学习用品；不定期组织村委会干部培训学习，提高村民委员会干部对湿地公园的认识和工作积极性。

3.6.5　搞好农业技术推广

国家湿地公园或者其他自然保护地要充分利用区域生态资源，引导生态村村民发展木耳、香菇生产，增加收入。此外，还要积极争取各类支持社区可持续发展的项目。

3.6.6　抓好资源利用管理

要在管理计划中通过开展合理引导和规范村民利用资源的方式，实现经济收入增长的同时减少对自然资源的依赖程度，并且能够增加收入。

3.6.7　做好生态补偿工作

要与区内各村民小组签订资源管护和生态补偿协议，要争取把所有林地纳入国家或者地方生态公益林，开展水资源生态补偿。协调好国家湿地公园或者其他自然保护地与区内群众关系。对于因野生动物造成的农作物损失，经核实后，国家湿地公园或者其他自然保护地应对社区居民进行赔偿。

根据湿地公园内生态公益林面积大和范围广的实际，为更好地保护湿地公园内的自然资源，激励社区群众共同参与管护，对生态公益林面积大的自然村适当给予相应的生态效益补偿金，以此提高群众爱林护湿的积极性。

3.6.8　促进社区参与保护

为了提高社区参与国家湿地公园或者其他自然保护地管理的积极性，增加农户收入，在日常工作中，要组织和吸纳居民参与到湿地公园内的基本建设和保护管理工作中来，特别要重视妇女、贫困人口等弱势群体对社区共管的认识和参与。

3.6.9　做好社区内村干部与居民的协调沟通工作

国家湿地公园或者其他自然保护地工作人员要不定期下到辖区内与村干部座谈，了解他们的生产、生活情况，在力所能及的条件下，帮助他们解决实际困难。在聘请护林员时，充分征求当地村委及居民的意见。

3.6.10　组织各项技能培训，加强劳务输出

通过技能培训，提高群众劳动技能水平，提升群众自我发展能力，减少群众对森林资源的依赖和破坏，逐步实现资源的可持续利用。

3.6.11　加强社区环境保护意识教育

加强社区环境保护意识教育是实现湿地公园与周边社区和谐发展的永恒主题。社区

群众环境保护意识的高低，与湿地公园资源保护有很大的关系，湿地公园管理机构还要花大力气做好社区群众环境保护意识教育工作，利用新闻媒体、广播、墙报、印制宣传资料等形式进行环境保护意识的宣传，充分发挥湿地公园群众在自然资源保护中的积极作用，从而实现湿地公园和社区群众可持续发展的目标。

3.6.12　在社区群众中聘请专职管护人员，发挥村小组组长和当地群众管理当地群众的优势

在社区群众中聘请专职管护人员，为经过村委班子推荐、考核合格之后精选出来的熟悉保护区地形、在当地具有较大影响力的社区群众。通过对他们进行湿地保护相关知识培训之后，投入到湿地公园的日常巡护、政策宣传等管护工作中。

在社区共管委员会的领导下，积极发挥村委班子对村小组组长的领导，充分调动村小组组长的优势，确保能够在第一时间发现破坏湿地资源的不法行为，及时向湿地公园管理机构和有关部门汇报，将各种隐患控制在萌芽状态。

3.6.13　建立和完善有关互动管护机制

在实施社区共管的过程中，国家湿地公园或者其他自然保护地与社区村民一道制定和完善国家湿地公园或者其他自然保护地及周围社区共同管理自然资源、保护生物多样性的互动管护机制，如巡护人员的定期检查制度、巡护及与林权所有者互通信息的走访机制，国家湿地公园或者其他自然保护地与村委的联防机制等。

3.6.14　社区培训

主要包括以下几个方面的内容：

（1）环境保护和湿地保护的教育培训。主要对社区群众进行环境保护和湿地保护相关内容的培训，以提高群众环境保护的思想觉悟，自发地参与到湿地保护中来。

（2）生产经营、管理培训。主要把一些先进的生产经营和管理理念、思路引进给社区群众，以期改变群众的观念，用比较先进的理念、思路来武装社区群众。

（3）生产技术、技能培训。主要把一些先进的、实用的和具体的生产技术、技能传授给社区群众。

3.6.15　村庄面貌整改

对现有村庄，按照社会主义新农村建设的标准和要求，对其交通道路、给排水、环境卫生、公共服务设施、建筑风格与林地等进行统一规划、整治和改造，营造比较和谐

统一的村庄新面貌。主要措施包括：

（1）按村级公路的标准完善、硬化村级道路，对入户道路、住宅前坪进行修整硬化和美化，使之与村级公路接轨，形成完整的村庄道路系统。

（2）村庄出入口、村民集中活动场所建设村庄小游园。充分利用不宜建设的废弃场地和空闲地建设小绿地，同时结合道路边沟布置绿化带，绿化品种选择适宜当地生长、具有经济生态效果的品种；同时结合游园设室外健身器械，以满足居民对景观、交流和健身的需求。

（3）引导村民按照规划提供的设计户型建房；对现有的村庄进行适当的整饰，形成统一协调的村容村貌；在不改变建筑结构的前提下对现有不合理的户型稍加改善，使其能基本满足现代农村生产、生活的要求，同时对建筑外观进行"穿衣戴帽"改造，使其与周边乡村环境和谐统一。

（4）加强住宅房前屋后的绿化种植，美化环境和发展庭院经济，与民居前坪形成住宅庭院，在取得美化环境、发展经济的同时增加农家情趣。

（5）按照村庄自然条件和水源条件，进行自流引水和打深井，实行无塔供水，让社区居民能够喝上干净的自来水，用上水冲式卫生间。

3.6.16　村庄污染控制

（1）严格控制湿地公园两侧地区生产、生活排污；社区工业、农业等生产项目及村镇建设的规划，要与湿地保护规划或湿地公园规划内容相衔接。

（2）村庄污染控制工程主要针对项目区周边农村生活污水和垃圾废物的排放，通过工程措施，对生活污水进行收集；通过生物措施集中净化处理，对固体垃圾废物进行收集、转运。

具体措施主要包括：村庄内集中修建排水沟，沿环库公路内侧兴建截污沟，拦截并收集居民生活污水，导入湿地进行净化；村庄附近沿公路分散安放垃圾桶，村庄内修建集中的垃圾收集转运场所，避免垃圾随意堆放影响景观、污染环境，提倡清洁能源，建设沼气池、太阳能热水器等。

3.7　如何提高社区参与的积极性

在社区共管活动中，引导社区居民充分参与各项工作是共管的关键。然而，在实际操作中，充分参与的深度和广度都受到不同程度的限制。有时即使做了很大的努力，积极性还是调动不起来，总是剃头挑子一头热。

解决参与不足问题采取的本质策略是让老百姓觉得共管是真心诚意为自己办事。

3.7.1 所做的活动与老百姓利益紧密相关

所做的活动要与老百姓利益紧密相关。老百姓是最讲实际、重实效的一个群体，与自己不相关的事大都不关心。一开始村民都持观望态度。干些什么？有没有自己的份儿？了解这些心态后，对自愿积极参与的村民分别采取以下措施：

(1) 对有能力开展项目的村民尽快让其开展。

(2) 对暂时没有能力开展项目的则让他们看到争取项目的希望。

另外，对于参与的村民，以不同的形式给予适当的报酬，如记义务工或付误工费等。

3.7.2 选好共管班子共管委员会成员

选好共管班子共管委员会成员的能力也是影响参与的重要因素。因为在村民看来，共管组织决定了共管活动，那些没有信誉、私心重、能力差的成员参与共管工作，村民自然会对共管不信任，从而影响参与的积极性。通过选举受村民拥护的热心人入选，可以提高共管组织的信誉，村民参与共管的积极性会明显增强。

3.7.3 坚持民主、公正、公开的原则

坚持民主、公正、公开的原则，项目的确定让村民畅所欲言。人为采取一些较随便的场合，如分组讨论、家访等，创造平等参与、聆听建议和意见的机会。

3.7.4 把决策权交给村民

把决策权交给村民，毫无疑问，村民最了解自己的实际情况，也能根据自己存在的问题提出解决办法。如果能把决策权交给他们，他们的积极性会大大提高，有利于工作的顺利开展。

当然，湿地公园要在关键问题上协调和促进。如规划、选项、定标、确定保护体系、选示范户、资金使用、拟合同、可行性分析等，在让村民拥有自主权的同时，积极给予引导和技术帮助。

3.7.5 关照特殊人群

每个村子都有一些特殊群体，如贫困户、外来户、妇女户等，这些户在村子里的地位往往较低，受排挤和歧视。在工作中，对这些户的需求要处理得当。对于贫困户和妇

女户可发展一些投资少，技术管理要求简单粗放的项目，帮其制订家庭发展计划，在人人平等的基础上，尽可能照顾他们；另外，给这些户安排一些自己感兴趣的短期培训，如嫁接、兽医、饲养、理财等，往往能收到较好的效果。

第 4 章　社区共管模式与具体行动案例

4.1　社区参与湿地公园生态旅游模式

　　湿地公园开展的生态旅游是湿地公园合理利用的主要方式，也是大众认知湿地公园的直接形式，是湿地公园社会功能体现的重要方式。甚至，湿地公园的生态旅游能够成为带动当地旅游业发展的"龙头"。

　　但是，湿地公园过度的或不合理的旅游开发往往会严重影响到湿地保护事业和旅游业的可持续发展，因此湿地公园的开发必须坚持保护原则，在保护基础上有限地、科学合理地开发建设。社区参与生态旅游是保障湿地公园与周边社区协同发展的战略之一，它的存在与发展必定离不开周边社区居民的参与，而参与必定要有收益。因此，确保社区参与过程中居民的合法权益，就是确保社区参与生态旅游走上可持续健康发展道路的关键。

4.1.1　遵循保护性开发原则，合理调整旅游规划

　　优越的自然资源与良好的生态环境是开发生态旅游的前提，自然环境损毁，生态旅游的价值必将丧失。国家湿地公园的设立目的就是为了自然环境与资源的保护。因此，生态旅游的开发必须坚持"在保护中开发，以开发促进保护"的原则，一是在范围上严格控制在保护区、恢复区之外；二是推广徒步、电车、脚踏车等环保游览方式，以适应保护性开发原则。

4.1.2　建立有效的培训机制，努力提高社区参与意识，增强社区参与能力

　　生态旅游的开展必然会引起当地社区居民对自身利益的关注。生态旅游的开发能否获得社区居民的认可与配合，直接影响到其能否健康发展。因此，居民的文化素质、民主和参与意识非常重要。文化素质直接影响到社区参与生态特色旅游的建设发展，因此，应该建立相应的培训机制。首先，应当通过广泛的宣传、教育、培训等有效手段，提高社区居民环境保护与生态旅游的意识，唤醒他们的主人翁精神和参与的积极性，提高他们的参与能力；其次，通过培训教育，提高决策与管理部门的社区参与理论水平，从决策与管理角度上大力支持社区参与生态旅游；再次，通过定期或不定期的多种宣

传、培训方式，对在生态旅游过程中起着直接领导或管理作用的旅游企业经营者、社区基层管理者等进行社区参与生态旅游相关理论知识的宣传、培训，充分发挥他们的领导才能和创新潜力，引领社区参与正确发展。

4.1.3　强化监督与服务职能，健全长效管理机制及社区参与保障机制

政府有关管理部门及湿地公园在社区参与生态旅游的开发建设中负有审批、监督与服务职责，应严格执行国家及地方有关自然保护、生态旅游的政策法规，科学引导地方生态旅游建设项目。

（1）强化依法行政管理，提高服务质量，做好服务工作，完善相关激励机制和约束机制，保障生态旅游在社会效益、经济效益、生态效益方面获得均衡发展。

（2）加大执法力度，严厉打击乱捕滥猎、乱砍滥伐、乱采滥挖现象，确保湿地公园开发生态旅游过程中环境资源保护的职责不变。

（3）严格履行检查监督、信息反馈制度，确保环境保护与生态旅游管理机制的长效运行。

（4）健全社区参与保障机制，确保社区居民的各种合理权益，要把生态旅游的开发建设与社区居民的扶贫致富结合起来，从政策、资金、税收、教育等方面给予大力扶持，激励社区居民参与的积极性。

4.2　"两位一体，社区参与，共同管理"模式——广东雷州九龙山国家湿地公园的社区管理模式

根据社会化管理的内涵和原则，结合广东雷州九龙山国家湿地公园湿地保护的实际情况，建议在红树林湿地保护过程中，湿地公园应该加强与当地社区的密切联系，形成以湿地公园为主导的社区共同管理保护网络，建立"两位一体，社区参与，共同管理"的管理新模式。两位一体，就是湿地公园与当地社区通过协调和沟通，在落实科学发展观和可持续发展战略方面、在资源保护和利用涉及全局长远利益方面，双方的目标是一致的，应成为一个有机的整体。社区参与，就是当地社区通过对湿地公园内资源保护和利用重大问题的共同决策，充分参与湿地公园的管理工作，达到共同管理湿地公园的目的。共同管理，就是当地社区与湿地公园共同管理湿地资源，使保护管理工作不局限于湿地公园管理局，而是扩展到众多社区，由众多社区管理的节点编织成保护网络。

4.2.1　湿地公园管理中社区参与者的组成

湿地公园社区管理参与者可划分为以下几类：

（1）九龙山红树林湿地公园附近区域农民，以海上捕捞为生的渔民；

（2）与九龙山红树林湿地公园资源管理有直接利益的调风镇及下属村委；

（3）参与九龙山红树林湿地公园旅游开发建设、经营的企业；

（4）进入九龙山红树林湿地公园的旅游者；

（5）红树林湿地公园社区的支持者，如环境保护组织、社会和个人团体、发展援助组织和个人环保公益爱好者；

（6）负责湿地公园资源的管理部门——林业部门。

4.2.2　社区共管的主要内容

九龙山红树林湿地公园的管理是一项比较复杂的全方位的工作，涉及部门多，地域范围广且复杂，仅凭政府行政主管部门管理很难达到保护效果。因此，必须结合湿地区域的实际情况，让老百姓参与，一起管理，才有可能真正达到保护效果。九龙山红树林湿地公园管理需注意与湿地公园周边群众建立牢固的共生关系。九龙山红树林湿地公园管理局作为直接管理机构，为提高周边社区群众的自然环境和湿地资源保护意识，使其自觉参与项目区的保护与管理，除了经常组织开展红树林湿地资源保护宣传活动，也要利用自身技术和人才优势，帮助周边群众解决生产、生活上的困难，推广农林科学技术，为社区群众寻找并指导替代生计的项目，扶持社区发展经济，以逐步减少周边社区对项目区资源的依赖，逐渐缓解乃至最终消除对红树林湿地公园的环境压力，为实现红树林湿地公园和社区经济的可持续发展多做工作。

4.2.3　社区共管的实施

九龙山红树林湿地公园管理局作为组织单位，成立社区共管领导小组，领导小组组长由调风镇镇长担任，成员由湿地公园相关领导、湿地公园范围内各村村主任组成。领导小组的主要职责是指导、协调社区共管活动。在社区共管领导小组领导下，各村分别成立社区共管委员会，社区共管委员会成员由村民代表、村干部、乡干部组成，其职责为：组织制定共管公约和共管协议，收集整理社区基础数据和资料，分析社区矛盾冲突和需求，编制社会经济调查报告和社区资源管理计划，设计社区发展项目，并监督实施；在社区开展公共意识和资源保护教育活动，在社区建立社区发展基金，开展社区资源保护示范活动，对社区进行生产技能培训。

4.3　"湿地公园+生态园"模式——河南新县香山湖国家湿地公园案例

河南新县香山湖国家湿地公园位于豫、鄂、皖三省接合处的大别山腹地，包括香山湖、田铺河及其周边一定范围内的生态公益林，总面积 6.259 km^2，其中湿地面积

3. 219 km²。

在湿地公园周边有一个香山湖茶场，是河南新县香山湖国家湿地公园的一个重要社区。

河南新县香山湖国家湿地公园范围

4.3.1　香山湖茶场现状

基本情况：香山湖茶场位于湿地公园的北部，东起香山湖大坝，西至普济寺。该茶场始建于 20 世纪 70 年代，原为新县国有茶场，有茶园面积 360 亩左右，主要生产和制作毛尖，有建筑 1 处，面积为 2000 m²，无常住人口。

交通状况：香山湖茶场交通便利，旅游公路从中穿过，处于香山湖—普济寺—许世友故居旅游线路上。

主要问题：①茶园规模不大，树种老化，主要产品为鲜茶，产品单价较低，总体产值不高，经营状况不佳。②水土流失较严重，每年有一定的泥沙汇入香山湖。③茶叶生产喷洒的农药，不仅对茶园生态系统影响较大，而且有相当一部分汇入了香山湖，对香山湖水生态安全有一定威胁。

香山湖茶场与湿地公园关系分析：

（1）区位关系。香山湖茶场位于湿地公园的北部汇水区，靠近湿地公园的宣教展示区和合理利用区。

（2）生态关系。该茶场是湿地公园的"源"，不仅作为重要的水源涵养区向湿地公园补充水源，还向湿地公园排入 N、P、农药和泥沙；同时也是湿地公园中许多涉禽、鸣禽、陆禽的重要栖息场所。

（3）社会经济关系。湿地公园不是其直接的经济来源。该茶场对湿地公园的经济依赖性不强，但是湿地公园重要的社会经济载体。

4.3.2　湿地公园与香山湖茶场的利弊分析

有利分析：一方面，该茶场可以作为湿地公园重要的可借景观，在开展生态观光、生态休闲、游憩体验等方面发挥重要作用；另一方面，该茶场为湿地公园开展文化展示和科普宣教提供了重要窗口和平台，是进行茶文化展示与体验、湿地科普宣教和湿地观鸟的重要场所。

不利分析：一方面，茶园的水土流失，会把泥沙、N、P 和农药等直接汇入香山湖，从而加剧香山湖的淤积，增加水体营养物质和有毒物质，影响香山湖水生态安全；另一方面，单一茶园模式，导致地表植被单一、植被覆盖度相对较低和生境单一，降低了区域的涵养水源能力，不仅不利于香山湖水源地保护和水资源保护，而且不利于构建结构完整的环香山湖复合森林生态系统，不能为更多的动植物提供更多、更好的栖息场所。

4.3.3　湿地公园与香山湖茶场的协调发展对策

(1)前期积极发展绿色生产和开展生态休闲，实施由生产性茶园向休闲文化型茶园的转型。

一方面，对茶园现有的生产方式进行调整，不使用农药、化肥和除草剂，进行绿色生态有机鲜茶生产，并且开展茶园高效节水灌溉。同时建议由新县人民政府牵头，由香山湖管理区、县林业局、县农业局和县水利局主导实施对坡度超过 25°的茶地进行退茶还林建设；另一方面，结合湿地公园建设，积极开展以茶文化展示和体验、生态观光为主的生态休闲。比如将茶场现有的建筑改造成徽派建筑风格的茶叶制作坊，内部按照茶叶制作工艺流程要求设计；新建木结构茶博馆一处，内设茶文化展示厅、茶艺表演厅和品茗屋；建设休闲游步道和观景平台，开展茶园运动健身和精气疗养。

(2)后期在香山湖茶场实施地带性植被恢复，修复香山湖水源涵养圈。

对现有的 360 亩茶园除保留部分开展观光和茶叶生产外，其余区域进行地带性植被恢复，其具体技术路线为：对现有的茶树进行逐步清理，并保留部分茶树作为地带性植被，其他区域以地带性自然森林生态系统为参照，选择乡土植物，在水平结构上采用多树种混交林的形式，在垂直结构上采用乔灌草多层次组合的形式，构建良好的地带性森林生态系统。同时对保留的观光和生产性茶园区域加强管理，采取茶果套种模式。

(3)加强以茶文化为主题的科普宣教。

加强科普宣教标识、标牌系统建设，以茶文化展示和湿地保护为主，分段设置不同形式、不同主题、不同材质的科普宣教牌展示系统；建立完善的科普宣教解说和展示系统，全方位、多角度、多媒介地向大众开展科普宣教。

4.4 "湿地公园+生态村建设"模式——河南新县香山湖国家湿地公园案例

邱湾村,是河南新县香山湖国家湿地公园的一个重要社区。

4.4.1 邱湾村

基本情况:位于湿地公园的正东靠中区域,全村现有农户 125 户、人口 474 人,人均耕地 0.6 亩。

交通状况:有 3.5 m 宽的硬化车行道连接旅游公路。

主要问题:民居房屋破旧,村庄面貌脏乱差;人均土地资源较少,居民收入来源较单一,主要来源于种植业和短期外出务工,收入水平较低,人均收入不足 5000 元/年;生产方式落后,对自然资源的依赖度高;居民受教育程度低,文化水平不高。

4.4.2 湿地公园与邱湾村的关系和利弊分析

(1)邱湾村与湿地公园的关系分析。

区位关系:邱湾村位于湿地公园的东部汇水区,靠近湿地公园的保育区。

生态关系:邱湾村是湿地公园的"源",是湿地公园点源污染之一和农业污染面源,有一定的 N、P 和生活固体垃圾排入香山湖;同时也是湿地公园中部分涉禽、鸣禽、陆禽的栖息场所。

社会经济关系:湿地公园是该社区重要的直接经济来源之一,社区经济对湿地公园有较强的依赖性,社区通过在湿地公园水体养殖或捕捞获得一定收益。但是,该社区也是湿地公园重要的可借景观,在开展生态观光、乡村休闲、民俗文化体验等方面可发挥重要作用。同时,该社区是湿地公园开展环湖公益林保护、候鸟保护、水质保护等科普宣教的重要场所。

(2)湿地公园与邱湾村的利弊分析。

有利分析:该社区不仅可以作为湿地公园重要的可借景观,而且可以为湿地公园开展文化展示、科普宣教和生态旅游提供场所和平台。

不利分析:首先,社区的生活污染和农业面源污染会把一定数量的 N、P 和农药、固体垃圾等汇入香山湖,从而影响香山湖的水生态安全。其次,社区经济对自然资源的依赖程度较高,为了谋求较高的生活水平,存在非法捕捞、不科学的人工养殖等不合理的生产方式,从而在一定程度上破坏香山湖的生物资源和动植物栖息环境。再次,烧柴的生活方式、较低的收入水平,导致社区群众为了生计而对周边林木进行盗伐,破坏香山湖水源涵养林。最后,文化程度不高、保护意识不强、专业技能缺乏,不仅不利于湿地、生态公益林和生物多样性保护工作的开展，而且导致居民难以接受新技能、新发展模式，对生态旅游的开发也是巨大挑战。

4.4.3 湿地公园与邱湾村的协调发展对策

（1）加强社区环境整治，开展村庄修缮，积极发展乡村生态旅游。

首先，借助美丽乡村建设对现有的村庄环境进行综合整治，进行美化、绿化和亮化改造。对房屋按照地方建筑风格进行修缮，实现村落建筑美化；利用乡土植物进行绿化，通过美化和绿化进行村庄的亮化。其次，加强乡村生态旅游服务设施建设。根据标准化乡村生态旅游村的标准，完善"吃、住、行、游、购、娱"6 个方面的服务设施，为大众提供真正的乡村旅游服务。再次，挖掘文化，打造景点，策划旅游项目。充分利用社区的自然条件，以地域文化为内涵，因地制宜地打造和塑造不同的景点，同时策划满足不同年龄、不同需求、不同层次的旅游活动和项目。

（2）加强培训，提高社区居民的技能。

一方面，加强生产经营管理理念和生产技术技能的培训。把一些先进的生产经营和管理理念、思路引进给社区群众，用比较先进的理念、思路来武装社区群众。把一些先进的、实用的和具体的生产技能传授给社区群众。另一方面，加强旅游技能培训。主要进行一些必要的生态旅游培训，以创造良好的旅游环境和形成可持续发展的旅游产业。同时，加强生态环境保护培训，应该重点加强生态公益林保护、湿地保护、生物多样性保护等方面的技能培训。

（3）拓展社区群众就业渠道，提高其生活水平。

首先，通过"公园+公司+村民"的合作模式，积极开展乡村旅游，村民从旅游发展收益中分成。其次，可以吸纳部分村民到乡村生态旅游服务队伍中，成为乡村旅游的导游、导购、表演者或项目管理者。再次，可以吸纳部分村民到湿地公园的巡护保护队伍体系中，例如，聘请部分村民为生态护林员、湿地公园巡护员、宣教员、科研监测协助员等。

（4）加强科普宣教。

一方面，加强环境保护的教育培训。主要对社区群众开展湿地保护培训，以提高群众的保护思想觉悟，自发地参与到湿地保护当中。另一方面，加强科普宣教标识、标牌和旅游牌示系统的建设，建立完善的科普宣教解说和展示系统，全方位、多角度、多媒介地向大众开展科普宣教。

4.5 "湿地公园+美丽乡村建设"模式——河南新县香山湖国家湿地公园案例

河南新县香山湖国家湿地公园周边有一个水塝村，是"美丽乡村"创建试点乡村，也是河南新县香山湖国家湿地公园的一个重要社区，属于可以发展生态旅游的社区类型。

4.5.1　水塝村

基本情况：位于湿地公园的东南角，有农户 315 户、人口 1046 人，山场面积 19 万余亩，2013 年被农业部确定为"美丽乡村"创建试点乡村，有银杏村、古木村两处古村落，文化底蕴深厚。该村环境幽美、野生植物遍布、古木参天。古树以银杏、紫檀、国檀、青檀等树种居多，树龄在百年以上的古树有 3000 棵，千年以上的古树 400 余棵。

交通状况：交通便利，旅游公路从中穿过，处于香山湖—普济寺—许世友故居旅游线路上。

主要问题：人均土地资源较少，土地利用程度高，存在一定的水土流失和农业面源污染；民居房屋年久失修，村庄面貌较差；生产方式落后，对自然资源的依赖度高，收入水平较低且主要来源于种植业，人均收入在 5200 元/年左右；居民受教育程度低，文化水平不高。

4.5.2　湿地公园与水塝村的关系和利弊分析

(1)湿地公园与水塝村的关系分析。

区位关系：水塝村位于湿地公园的东南部，靠近湿地公园的保育区。

生态关系：水塝村位于湿地公园的上游，生态地位重要，不仅是湿地公园的水源，也是湿地公园点源污染之一和农业污染面源，有一定的 N、P 和生活固体垃圾排入香山湖。该社区生境较好，有众多的古树和高大乔木分布，是湿地公园中部分涉禽、鸣禽、陆禽的栖息场所。

社会经济关系：该社区经济对湿地公园依赖性较低，社区通过在湿地公园水体养殖或捕捞获得一定收益。但是，该社区自然景观资源丰富，人文内涵深厚，是湿地公园非常重要的可借景观，在开展乡村旅游、民俗文化体验等方面可发挥重要作用。同时，该社区是湿地公园开展上游生态公益林保护、候鸟保护、水质保护等科普宣教的重要场所。

(2)湿地公园与水塝村的利弊分析。

有利分析：该社区不仅可以作为湿地公园重要的可借景观，而且可以为湿地公园开展科普宣教和生态旅游提供场所和平台。

不利分析：首先，由于该社区位于湿地公园的上游，其生活污染和农业污染直接排入香山湖，有可能会导致湿地公园的源头污染，潜在危害较大。其次，社区为了生计而对周边林木进行盗伐，破坏香山湖水源涵养林；同时，非法捕捞、不科学的人工养殖等不合理的生产方式有可能破坏香山湖的生物资源和生物栖息环境。再次，村民文化程度不高、保护意识不强、专业技能缺乏，不仅不利于保护工作的开展，而且对生态旅游的开发也是巨大挑战。

4.5.3　湿地公园与水塝村的协调发展对策

湿地公园与水塝村的协调发展对策，除了与邱湾村在整治社区环境、发展乡村旅游，加强培训、提高居民技能，拓展就业渠道、提高生活水平和加强科普宣教等具有共性的对策，还应该根据水塝村自身特点和特色，采取与邱湾村差异化的发展方式，重点加强以下方面建设。

（1）加强古树、名木群落保护，保障湿地公园上游的生态屏障安全。

对田铺河河岸林带和周边古树、名木群落进行严格保护，积极开展荒山荒地造林绿化和低质低效林改造，提高区域水源涵养能力，保障湿地公园上游的生态屏障安全。

（2）重点开展古村落乡村生态旅游和生态采摘活动。

一方面，充分利用该社区的古村落、古树群，以深厚的文化为内涵，积极开展以古村落为主题的休闲游览活动。另一方面，积极进行生态绿色有机农产品的生产，既为乡村旅游提供餐饮原材料，又可以开展生态产品采摘等旅游活动。

4.6　湖泊类型国家湿地公园社区共建共管途径
——以来仪湖湿地公园为例

4.6.1　社区社会经济分析

（1）区位优势。

湖南赫山来仪湖湿地公园位于益阳市赫山区，东距长沙 70 km，益宁城际建成后 30 min 便可达长沙市区，地理位置优越。根据《湖南省长株潭城市群城镇体系规划（2009—2020）》，益阳定位为远景都市区和近期"一体化协作城市"，赫山是益阳的东大门，是市域一级中心城市所在地。在长株潭城市群内，赫山处于城市群第二圈层，并且位于"长沙—常德"发展轴线上。

（2）交通优势。

赫山区陆路交通便利，石长铁路、长常高速、G319 国道，以及正在建设中的益娄高速、银城大道为城市对外交通提供了便利条件。加上绕城高速、益平、益马、益阳至南县高速公路的规划建设，赫山将有 6 个方向的高速公路穿越。未来长常城际铁路和石长铁路复线的建设，都将给湿地公园周边社区发展带来巨大便利。

（3）长株潭城市群的辐射。

2007 年，长株潭城市群被国家确定为"两型"社会建设综合配套改革试验区。这是国家实施"中部崛起"战略的重大举措，是国家在新时期赋予长株潭城市群的重要历史使命，也是长株潭城市群进入国家重大战略布局，实现又好又快发展的新机遇。在省域经济发展战略部署上，既有"一核三带辐射联动"的空间构架，也有核心区"一心双轴双带"的空间结构，还有"一区三圈、轴线整合、极点联动"的城市圈总体规划。在以上几种发展战略部署中，赫山区分别位于"三带"的"长株潭—益阳—常德城镇产业聚合发展带"，"双带"的北部综合发展带，"一区"中的"远景都市区和近期'一体化协作城市'"，都是位于长株潭经济比较发达的区域。长沙大河西作为区域经济发展的龙头，辐射带动作用大。因此，湿地公园周边社区的发展要更多地对接长沙大河西。

（4）生态资源条件优越。

赫山区拥有良好的山林资源，森林覆盖率为 33.5%，各类林地总计 377.649 km²，其中竹林面积 128.656 km²。湿地公园境内河流水库众多，重要的水系有兰溪、东烂泥湖、鹿角湖等。水资源条件为湿地公园周边社区的经济社会发展提供了基本的支撑条件。

（5）以农渔业为主，经济结构不合理，经济发展不均衡。

湿地公园周边社区经济是典型的以农渔业经济为主。湿地公园范围内的各村均以农渔业经济为主，收入水平不高，年人均收入 6057.2 元。第二、第三产业所占的比例很小，经济结构不合理，经济发展的不均衡性十分显著。这也导致了会产生强烈的对湿地资源需求的压力和依赖性。

（6）区域经济发展不平衡，城镇化水平仍待提高。

由于区位、历史条件等其他因素，部分地区发展相对滞后，经济欠发达，乡镇合并后，各个乡镇发展水平不均衡。

（7）社区人口文化水平不高。

目前，湿地公园周边社区人口文化水平不高，群众的环境保护意识差，会对湿地公园的生态环境造成威胁。

（8）因经济发展受限、经济来源缺乏，造成对湿地资源依赖性变大。

目前，湿地公园内的农民主要经济收入来源为农渔业和外出务工。社区经济来源总体来说偏少，传统农渔业生产方式落后、经济基础差、缺乏经济增长点，经济发展受限制。受全国经济形势大环境的影响，外出打工的农民将减少，这一主要的经济来源将缺失。经济来源的缺失，以及数千年来的传统生活方式，会造成社区居民对湿地资源的依赖性变大，给湿地资源保护带来压力。

（9）基础设施建设仍需提升。

部分乡镇规模偏小，不能作为村镇体系中的中间层次辐射带动周边农村地区发展，多数农村社区的发展缺乏产业支撑。乡镇市政基础设施和公共服务设施配置不足，镇、村的各类设施不完善，尤其是农村供水、污水处理等设施配置，对湿地公园的环境保护带来压力。

4.6.2　湿地公园管理中社区参与者的组成

基于湿地公园及周边社区的社会经济状况及存在的种种矛盾，解决在保护湿地自然环境和物种资源平衡的前提下，适度开发利用各种资源，开展有益项目，将湿地公园的管理、保护与利用和周边社区群众的生活和福利有机结合起来，是解决问题的关键，尊重和听取当地农民的意见，强调和鼓励社区参与资源管理，建立社区与湿地公园的共管机制，实行农民与湿地公园携手共同管理湿地公园。

湿地公园社区管理参与者可划分为以下几类：

(1)由当地农渔民组成的社区。农渔民居住在湿地公园内并直接占有和使用湿地公园内的自然资源。

(2)与湿地公园资源管理有直接利益的当地社区。

(3)湿地公园内资源的商业使用者（个人、公司等），他们与资源的关系是纯粹的商业关系。

(4)湿地公园内资源的短期使用者，如旅游者。

(5)湿地公园社区的支持者，如环境保护组织、社会及个人团体、发展援助组织和某些个人。

(6)湿地公园内产品的最终用户。

(7)负责某种湿地公园资源的管理部门，如林业、旅游、渔业、水利部门。

政府部门在社区共管中起到了相当重要的作用，其最低投入应是一种政策和法律框架，它是形成管理战略和行动的基础，包含非政府组织有关利益方与资源管理过程的合法地位。其作用主要有：召集有关各方参加讨论；与政府的其他部门联系；对引入或执行资源管理实施者给予奖励；必要时加强执法；当有关利益方之间发生争端又不能自行调解时，由政府出面协调解决；提供及时的财政支持；提供诸如基础设施等的开发投入。

4.6.3　社区共管的途径

湿地公园当地社区为了自己的生活及保持自己独特的文化，一直使用、改善和维护着湿地，在此过程中，当地农民、渔民有着自己的行为准则和规约，这些准则和规约完全融入了他们的信仰体系和宗教活动中，当地的机构可持续地管理着湿地和其他资源，湿地向社区长期提供食物、饲料及其他许多基本需求和文化上的需求。因此，湿地公园的建设需要将参与式理论引入湿地保护管理工作中来，建立符合当地实际的社区参与机制。社区共管主要通过以下途径：

(1)加强社区宣传，提高社区湿地保护意识。

湿地公园的建设是一项"功在当代，利在千秋"的社会性生态公益事业，这项工作的开展需要社区各界的大力支持，而获取公众支持的途径就是宣传教育。

（2）加强社区组织工作，提高湿地管理水平。

建立统一、有效的湿地公园管理机构，是湿地公园开展好社区管理工作的基础和前提。

（3）互利互惠、共同发展为搞好社区参与的重要原则。

湿地公园的存在必须依靠周边农民的理解和支持，湿地公园的管理部门要在湿地公园边缘划出地来，允许农民从事正常的生产、开发活动，让农民的生产和生活得到保证，同时，当地农民也应该把自己作为湿地公园的一员参与到湿地公园的保护管理工作中。

（4）健全法制，把社区参与管理纳入法制。

认真贯彻国家、市有关湿地资源及生态环境保护的法律法规，做到有法必依、执法必严是搞好社区参与的重要保证。同时，根据湿地公园周边的实际情况，制定湿地公园管理规定，教育周边的农民自觉遵守。

（5）紧紧依靠当地政府支持，与当地经济同步发展。

湿地公园是一个自然—经济—社会实体，不能独立于社会，其许多工作的开展，离不开当地政府的支持，要积极与有关部门建立联营管理组织，围绕湿地公园的自然保护、资源利用、生产及生活、科学研究和旅游活动等开展多种形式的工作，要将湿地公园的建设纳入地方政府经济发展规划和计划中，做到湿地公园与社区经济共同发展。

（6）正确引导农民发展生产。

要切实采取教育疏导、扶持等方式帮助农民开辟有利于湿地资源保护的生产路子，引导他们走靠草养草、靠水养水，劳动致富的道路，只有农民逐步富裕起来，文化素质提高了，才能从根本上解决湿地保护与农民利益的矛盾。

4.6.4　湿地公园社区共管的主要内容

湿地公园的管理是一项比较复杂的全方位的工作，涉及部门多、地域范围广且复杂，仅凭政府行政主管部门管理很难达到保护效果。因此，必须结合湿地区域的实际情况，让老百姓参与管理，才有可能真正达到保护效果。湿地公园的建立伊始就需注意与湿地公园周边群众建立牢固的共生关系。湿地公园管理局作为直接管理机构，为提高周边社区群众的自然环境和湿地资源保护意识，使其自觉参与保护区的保护与管理，除了经常组织开展森林资源保护宣传活动，也要利用自身技术和人才优势，帮助周边群众解决生产、生活上的困难，推广农林科学技术，为社区群众寻找并指导替代生计的项目，扶持社区发展经济，以逐步减少周边社区对保护区资源的依赖，逐渐缓解至最终消除对湿地公园的压力，为实现湿地公园和社区经济的可持续发展多做工作。

共同参与管理的内容主要有以下几方面：

（1）共同参与编制湿地、动物、植物和环境保护法规并共同执行。

（2）共同参与湿地公园管理系统的学习、培训工作，参与湿地水禽、生境、生态系统的保护宣传教育工作。

（3）实时进行环境监测，进行数据分析，并提出保护的合理建议。

（4）共同编制参与管理的规划。

4.6.5 湿地公园社区共管的实施

社区参与管理的流程主要包括以下几个方面：

（1）社区共管组织的建立。

湿地公园管理局作为组织单位，成立社区共管领导小组，领导小组组长由赫山区政府分管林业的主要领导担任，成员由赫山区林业局，以及相关乡镇的领导、湿地公园范围内各村主任等组成。领导小组的主要职责是协调各级地方政府之间的关系，指导、协调社区共管活动。

在社区共管领导小组下，各村分别成立社区共管委员会，社区共管委员会成员由村民代表、村干部、乡干部组成，其职责为：组织编制共管公约和共管协议，收集整理社区基础数据和资料，分析社区矛盾冲突和需求，编制社会经济调查报告和社区资源管理计划，设计社区发展项目并监督实施；在社区开展公共意识和资源保护教育活动，在社区建立并管理社区发展基金，开展社区资源保护示范活动，对社区进行生产技能培训。

（2）社区共管内容的实施。

为确保社区共管工作能有序进行，必须有计划、分步骤地按社区共管规划实施。在实施过程中，要对存在的问题、解决办法、实施时间与责任人进行确定。

①开展宣传教育，增强环保意识。

②管理责任人要随时调查了解社区对湿地资源利用的需求。

③为社区居民提供信息与技术支持。

④建立适当的补偿政策制度和社区发展基金。积极开辟渠道，筹措社区发展基金。尽可能地为社区居民提供优惠信贷。

⑤协调地方关系，加大社区参与、保护力度。

⑥建立切实可行的湿地生态保护和湿地资源利用机制。

4.7 国家湿地公园与民族社区共建共管行动案例——广东东江国家湿地公园

与当地乡镇党委、政府及周边社区村委会多次合作，在社区和当地中小学校开展多次"世界湿地日"、野生动物保护宣传、东江水资源保护等宣传活动。通过这些合作，有效地促进了湿地公园与周边社区群众的和谐关系，并使周边社区群众充分认识了保护湿地公园的重要性，使群众能够主动参与到湿地公园的保护当中。

4.7.1　开展社区公众湿地认识及保护意识问卷调查分析

广东东江国家湿地公园周边公众湿地生态意识调查研究

4.7.2　进行社区客家文化研究

广东东江国家湿地公园风景与客家文化研究

4.7.3 力推以船为家，渔民上岸安居

东源县人民政府办公室关于东源县推进以船为家渔民上岸安居工程实施方案的通知

各乡镇人民政府，县府直属有关单位：

经县政府同意，现将《东源县推进以船为家渔民上岸安居工程实施方案》印发给你们，请认真组织实施。

东源县人民政府办公室

2014年10月15日

"力推以船为家，渔民上岸安居"明电

4.7.4 落实补助，保障渔民基本生活

河源市渔政部门表示，禁渔期间会加强执法检查和安全监管，严厉打击非法捕捞行为；同时，将积极采取措施，保障禁渔渔民基本生活，按时依规做好禁渔期渔民补助申报、审核、上报等工作，落实地方配套资金，在禁渔期结束后按相关程序对落实禁渔制度的渔民给予生活补助。此外，各县（区）渔业主管部门还将根据实际情况举行增殖放流活动。通过放流，促进水生生物增殖，改善和修复水域生态环境。

4.7.5 减轻社区就业压力

湿地公园合理发展旅游业、生态农家乐等，解决了周边2万多居民的就业，减轻了社区就业压力。

4.7.6 道路建设——义合街镇至湿地公园苏家围景区道路升级改造

投入 600 多万元对义合街镇至湿地公园苏家围景区道路进行升级改造，全面铺上沥青路面。

4.7.7 与苏家围景区共同建设湿地宣教中心

为深入推进广东东江国家湿地公园建设工作，更好地保护和合理利用湿地资源，推进经济、社会和生态文明建设持续健康发展，发展本地乡村旅游经济，湿地公园管理局与苏家围景区共同建设湿地宣教中心。

4.7.8 与义合镇曲滩村红军营片区叶屋小组共同建设农事博物馆

在土地、房屋权属不变的情况下，湿地公园管理局与义合镇曲滩村红军营片区叶屋小组共同建设农事博物馆。叶屋小组将本小组范围内的房前空地、屋前到江边道路等无偿用于湿地公园项目建设，用于共建广东东江国家湿地公园农事博物馆项目。

4.7.9 村庄面貌整改

对村庄交通道路、给排水、环境卫生、公共服务设施、建筑风格与林地等进行统一规划、整治和改造，营造和谐统一的村庄新面貌。

4.7.10 开展志愿者活动

为了保护湿地，同时向游客及广大市民宣传保护湿地的重要性，提高大家保护湿地的意识，共同爱护我们的家园，湿地公园与义合中学联合组织了湿地公园志愿者活动。志愿者在节假日，充当湿地公园的管理者，参与湿地公园的保护与游客管理。同时充当湿地公园的解说者，向游客宣传湿地知识。

4.7.11 湿地公园首届荷花节暨苏家围·东江画廊旅游区首届荷花节

作为广东东江国家湿地公园的核心景观，为更好地宣传广东东江国家湿地公园，促进湿地、乡村旅游健康发展，提升旅游品质，东江画廊、苏家围景区切实加快产业发展，发挥景区客家文化、苏氏文化、乡村文化和农耕文化等特色优势，不断满足人民群众多样化的旅游需求，扩大广东东江国家湿地公园品牌、景区文化旅游品牌，特举办了首届荷花节。

首届荷花节，以形式多样的活动内容吸引周边众多游客。同时，采用线上、线下相依据的方式，依据荷花花期延长活动时间，扩大公园和景区的影响力与知名度，促进湿地公园和乡村旅游健康发展。

4.8　少数民族社区共建共管行动案例——湖南会同渠水国家湿地公园

4.8.1　渠水连通致富桥

连山大桥为渡改桥建设项目，在国家林业局的支持下，于 2014 年 6 月正式开工，该工程全长 252 m、宽 7 m、七跨，总造价 1300 余万元，于 2016 年通车，连山乡宝照村、建设村等周边 7 个自然村群众正式告别"拉渡"过河的时代，结束了当地自古以来有渠水河而无桥的历史。横跨渠水河畔的连山宝照"致富桥"大大拉动了炎帝故里的经济发展，对发展当地旅游悠闲式的园农家庭经济起到了巨大作用。

4.8.2　林城镇白岩村精准扶贫

白岩村现有人口 870 人、286 户，村支两委成员 4 人，党员 19 人。大部分村民经济来源以经商或者外出打工为主，年人均收入 5100 元，基本作物以水稻为主，村级经济比较薄弱，全年集体收入为零。

按照会同县人民政府安排，湿地公园负责林城镇白岩村的精准扶贫工作。自安排湿地公园为白岩村扶贫工作队开始，相关工作人员便迅速入户进行调查，主要采用三种形式。一是同村支两委及村组座谈，探讨年度发展规划、农民增收措施、村容整治等。二是深入部分农户家中走访了解。主要了解经济收入、外出打工、技术培训及养老、医疗、教育等情况。三是实地踏看。看村组规划、农民生产经营状况及环境综合整治等情况，为以后顺利开展扶贫工作奠定坚实基础。

开展的扶贫工作主要有以下几种：

（1）改善基础设施、优化生活环境。在林城镇党委、政府的正确领导下，借助"村村通"硬化道路的契机，多方筹集资金对村内道路进行硬化，全长 3000 m，共耗资 60 万余元，其中村民自愿捐助近 30 万余元，上级扶持 10 万元。

（2）多方筹集资金。为五组、四组、二组新修林区道路 9.6 km，除上级资金外，后盾单位及工作队筹集 9 万元；对六组至七组道路硬化，后盾单位及工作队投入 4 万元。

（3）对贫困户慰问资金 1.9 万元；对 7 户特困户慰问资金 0.49 万元；对 15 户二女

户买猪喂养资金 1.5 万元；对七组 1 户特困残疾户补助 2000 元；三组自来水安装消防设施 200 元；村部置办公桌 2400 元。

(4)建造中国电信、中国移动通信信号塔，解决白岩村无网络、手机信号差等问题。

(5)以人为本，关注弱势群体。村五保、低保对象，在村委会的帮助下，全部纳入救助范围，将基本生活保障金及时、足额地发放到困难人群手中，使其生活得到有效保障。

4.8.3　聘请地方农民作为巡护人员

自 2014 年至今，先后与附近社区的 14 位居民签订巡护人员劳务合同，减轻社区就业问题压力。

4.8.4　下乡扶贫义诊

会同县扶贫工作组、扶贫后盾单位湿地公园管理局与林城镇卫生院一起来到林城镇白岩村，对该村开展"精准扶贫，送医下乡"义诊活动，免费为该村 60 岁以上的老人进行全面身体检查，受到当地群众的热烈欢迎。

4.8.5　成立社区共建共管委员会

湿地公园范围内相关乡镇有广坪镇、林城镇、连山乡、青朗侗族苗族乡。湖南会同渠水国家湿地公园管理局与相关乡镇协调成立社区共建共管委员会，制定相关共建共管机制，共同维护湿地公园的生态保护工作。

4.8.6　建立健全"五有"共建工作机制

从 2014 年起，湖南会同渠水国家湿地公园范围共有青朗、早禾、漾水、客寨四个社区，湿地公园管理局与辖区各单位、各组织签订共建协议，成立共建共管工作委员会，并在其指导下，制订了共建工作计划及共建制度措施，以利开展共建活动。

各社区共建工作以思想教育联抓、环境卫生联搞、社会治安联防、服务设施联建、科普宣教联办的"五联"方针，发动社区居民人人参与，单位个个参与的社区活动，建设和完善社区共建组织网络，深入开展社区共建活动。增强社区民众对渠水湿地的生态保护意识、公共服务意识，形成共驻共建、共享社区资源的良好态势，最大限度地进行人力、物力、财力和其他社会资源的优化整合，推进社区建设。

4.8.7　共建活动丰富多彩

在"世界湿地宣传日"和"爱鸟周""植树节""宪法宣传日"等节日到来之际，湿地公园管理局与其他县直机关和相关乡镇工作人员会同各社区共建共管委员会成员深入各社区，共同组织各类宣传展示活动。展示设置有湿地流动学校的展板，发放宣传手册、宣传报刊和宣传单，并向社区民间发放公众问答试卷共 1000 余份。

4.9　共建共管行动案例——湖南耒水国家湿地公园

4.9.1　梅园新村建设项目

4.9.1.1　**已完工项目**

(1)村民住房：已建成 29 栋，已安排入住 56 户，住房配套设施全部完成，投入资金 2500 万元。

(2)新农村基础配套设施：篮球场、健身场、溜冰场、祭祀景点、荷花仙子池、蓄水池塘景点 6 处，投入资金 400 万元。

(3)修机耕路 3 条，梅园新村公路 1 条，全村园林绿化、亮化，建水塔 1 座，深水井 5 口，架变压器 1 台，高低压线路 1000 多 m，共计投入资金 450 万元。

(4)建生态枣园 1 个，面积 40 多亩，枣树已挂果，已投入资金 50 万元。

(5)修整大众村观音坳电动排灌、架变压器、高低压线路、水泵等，投入资金 8 万元。

(6)建仿古石牌楼 1 座，祠堂 1 座，投入资金 200 多万元。

4.9.1.2　**配套项目**

(1)两栋标准化厂房：建筑面积 12000 m²，内外装修都已完成。职工宿舍 4 栋，办公楼 1 栋，建筑面积 27000 m²，已投入资金 2000 多万元。

(2)梅园宾馆：园林式仿古建筑，建筑面积 4500 m²，已投入资金 300 多万元。

(3)商业街：建筑面积 12000 m²，已投入资金 300 多万元。

(4)永济寺：占山地 200 亩，建筑面积 1 万多 m²，仿古园林式建筑，已投入资金 2000 多万元。

(5)水上乐园：利用原柏马村水库为基地，打造现代水上乐园，已投入资金 300 多万元。

(6)梅园国际农副产品深加工批发大市场（原规划立项是梅园国际药材市场，根据地方实际情况，通过专家论证后，改为农副产品深加工批发大市场）：为了带动地方及周边地区农作物、水产、畜牧业的发展，利用梅园的知名度，注册"湘南梅园"商标。把几个村组的一片石头山地联合进行开发，村民以土地入股的形式参与合作，前期规划用地 478 亩，已完成征地 300 亩，推山平地等三通一平工程，已投入资金 3700 余万元。

4.9.1.3　规划待建项目

(1)梅园新村居民三期住房 10 户，建筑面积 3000 m²，预算投资 450 万元。

(2)建老人公寓 1 栋，建筑面积 2000 m²，预算投资 300 万元。

(3)建社区医院 1 栋，建筑面积 1000 m²，预算投资 180 万元。

(4)建中小幼学校 1 所，预算投资 3000 万元。

(5)路政、配套设施：从梅园景区至梅园新村新修公路长 1500 m，宽 8 m；建大型停车场 1 个；穿过农副产品深加工批发大市场内的主公路 1 条，宽 24 m，长 1000 m。预算投资 800 万元。

(6)菜篮子工程：建设用地 3000 亩。利用已荒废的低洼地带，发展养鱼、养鸭、绿色蔬菜种植等产业，大力提高农民收入，改善生态环境。预计投资 5000 万元。

以上项目建设预算总投资 6.22 亿元，已投入资金 1.2 亿元，其中无偿投入到村民建设部分的资金是 8338 万元。

4.9.2　聘请地方农民作为巡护人员

自 2012 年至今，先后与附近社区的 10 位居民签订巡护人员劳务合同，减轻社区就业压力。

4.9.3　摸清社区情况

为了解公园周边社区情况，了解当地社区生产经济和人口状况，湿地公园管理局工作人员多次走访社区，走家入户，掌握情况，与当地群众建立良好的关系。

走访湿地公园周边社区（一）

走访湿地公园周边社区（二）

4.9.4　建立社区联系制度

为了更好地保护湿地公园的自然资源与保护对象，进一步完善湿地公园与社区共建共管机制，湿地公园管理局与湿地公园所涉及的乡镇村委会建立"国家湿地公园周边社区共管联系员制度"。

4.9.5　开展形式多样的社区共管工作

湿地公园在当地开展形式多样的社区共管活动，与周边社区群众建立良好的伙伴关系，扶持社区发展经济与公益事业，帮助社区认识和了解保护的意义与目的。

4.9.6 社区培训

湿地公园在社区开展环境保护的教育培训及生产技术和技能培训，提高群众保护环境的思想觉悟，同时把一些先进、实用和具体的生产技术、技能传授给社区群众，从根本上解决湿地保护和社区利益的矛盾。

4.9.7 湿地公园外围社区的基础建设

主要通过实施耒水国家湿地公园国家4A级景区建设项目，带动公园外围社区的基础建设，由耒水国家湿地公园建设项目及梅园新村建设项目整合而来。

4.9.8 湿地知识进校园

组织湿地公园管理局工作人员和湿地保护志愿者一起到耒阳市第三中学，为学生和老师们普及湿地知识，呼吁师生们一起保护湿地。老师和学生对保护湿地相当重视，每个人都认真填写湿地调查问卷，很多学生也踊跃地加入到保护湿地志愿者活动中来。这一行动有效地将湿地知识普及，也增强了公民保护湿地的意识。

湿地知识宣讲——走进耒阳市第三中学

填写公众湿地认识及保护意识调查问卷

4.9.9　社会公众网络调查

"为保护耒水湿地而行动"，2015 年 12 月 7 日下午，湿地公园管理局工作人员和湿地保护志愿者们带着宣传标语和湿地调查问卷来到超市，在工作人员的指引下，悬挂宣传标语、发放宣传问卷。他们的举动引来了许多游人的驻足观看，赞誉声不断。志愿者们在超市显眼位置悬挂保护耒水湿地宣传标语，并向公众讲解保护湿地的必要性，增强了公众保护湿地的意识。超市内人流量大，不少市民朋友对湿地保护相当关注，积极投入到填写湿地保护的调查问卷中。此次志愿活动既增强了市民的生态保护意识，又为建立美丽耒水增添了新的动力与希望。

4.9.10　流动湿地学校

湿地公园管理局设计了流动湿地学校在公园内外进行流动教育活动。

国家湿地公园建设宣传标语

流动湿地学校展出（一）

流动湿地学校展出（二）

流动湿地学校展出（三）

流动湿地学校展出（四）

4.9.11　社区科普宣教设施

　　湿地公园因地制宜、与景结合，设置多个宣教长廊和宣教点，以图文并茂的形式生动介绍了湿地公园的基本情况、湿地知识和保护法律法规等多个内容，丰富了湿地公园的科普宣教内容，为游客了解公园和湿地提供有效的渠道。

　　(1)永济中学湿地宣教长廊——《湿地与环境保护知识宣教长廊》。

湿地与环境保护知识宣教长廊

　　(2)大众小学湿地漫画墙。

湿地漫画墙

（3）大众村湿地公园导览图。

湖南耒水国家湿地公园导览

（4）桐子山梁家坳爱鸟护鸟文化知识宣传教育长廊。

爱鸟护鸟文化知识宣传教育长廊

4.10　社区共建共管行动案例——广东孔江国家湿地公园

4.10.1　社区培训

社区培训主要包括以下几个方面的内容：

（1）环境保护和湿地保护的教育培训。主要对社区群众进行环境保护和湿地保护相关内容的培训，以提高群众环境保护的思想觉悟，自发地参与到湿地保护中。

（2）生产经营、管理培训。主要把一些先进的生产经营和管理理念、思路引进给社区群众，以期改变群众的观念，用比较先进的理念、思路来武装社区群众。

广东孔江国家湿地公园社区培训

（3）生产技术、技能培训。主要把一些先进、实用和具体的生产技术、技能传授给社区群众。

湿地公园生产技能培训

4.10.2　社区生态文明讲座

2015 年 1 月 23~28 日，在乌迳镇中小学、界址镇中小学及乌迳镇政府开展世界湿地日宣传活动和生态文明讲座。

湿地生态文明讲座

4.10.3　村庄面貌整改

对现有村庄，按照美丽乡村建设的标准和要求，对其交通道路、给排水、环境卫生、公共服务设施、建筑风格与林地等进行统一规划、整治和改造，营造和谐统一的村庄新面貌。主要措施包括 5 种：

（1）按村级公路的标准完善和硬化村级道路，对入户道路、住宅前坪进行修整硬化和美化，使之与村级公路接轨，形成完整的村庄道路系统。

（2）在村庄出入口、村民集中活动场所建设村庄小游园。充分利用不宜建设的废弃场地和空闲地建设小绿地，依据道路边沟布置绿化带，绿化品种选择适宜当地生长、具有经济生态效果的品种；同时结合游园设室外健身器械，以满足居民对景观、交流和健身的需求。

（3）引导村民按照规划提供的设计户型建房；对现有的村庄要进行适当的整饰，形成统一协调的村容村貌；在不改变建筑结构的前提下对现有不合理的户型稍加改善，使其能基本满足现代农村生产、生活的要求，同时对建筑外观进行"穿衣戴帽"改造，使其与周边乡村环境和谐统一。

（4）加强住宅房前屋后的绿化种植，美化环境和发展庭院经济，与民居前坪形成住宅庭院，在取得美化环境、发展经济的同时，增加农家情趣。

（5）按照村庄自然条件和水源条件，进行自流引水和打深井，实行无塔供水，让社区居民能够喝上干净的自来水，用上水冲式卫生间。

4.10.4　村庄污染控制

（1）严格控制湿地公园两侧地区生产、生活排污；社区工业、农业等生产项目及村镇建设的规划，要与湿地保护规划或湿地公园规划内容相衔接。

（2）村庄污染控制工程主要针对项目区周边农村生活污水和垃圾废物的排放，通过工程措施，对生活污水进行收集；通过生物措施集中净化处理，对固体垃圾废物进行收集、转运。

具体措施主要包括：村庄内集中修建排水沟，沿环库公路内侧兴建截污沟拦截并收集居民生活污水，导入湿地进行净化；村庄附近沿公路分散安放垃圾桶，村庄内修建集中的垃圾收集转运场所，避免垃圾随意堆放影响景观、污染环境；提倡清洁能源，建设沼气池、太阳能热水器等。

4.10.5　生态补偿试点

根据湿地公园内生态公益林面积大和范围广的实际，为更好地保护湿地公园内的自然资源，激励社区群众共同参与管护，对生态公益林面积大的自然村适当给予相应的生态效益补偿金，以此提高群众爱林护湿的积极性；对社区内的基础设施建设，要积极争取项目资金予以最大支持，以切实改善社区的生产、生活条件，并力所能及地为社区的经济发展项目给予技术和资金扶持。帮助社区探索一些适合当地经济发展的项目，扶持和发展有利于自然资源保护的经济产业，增加社区群众的经济收入，对社区群众喜爱和发展积极性高的建设项目进行推广，特别是要保护好公路和水体沿线的林木和湿地，努力营造广东孔江国家湿地公园外围的绿色防护屏障。

4.10.6　发展生态型产业，提高社区农民收入

以往社区群众主要靠消耗资源来发展经济，造成资源的很大破坏，要改变这一现状，必须加强产业结构的调整，发展生态型产业，只有这样才能有利于资源的保护，也有利于社区群众的经济发展。

第一，加大湿地公园建设和周边社区发展的投入力度，努力改善湿地公园和周边地区的基础设施。

第二，对于有利于提高社区群众经济收入的项目，给予优先安排和政策扶持。湿地公园管理部门要进一步积极争取和引进合作项目，在湿地公园和周边社区广泛实施，推动湿地公园和周边社区协调发展。在增加湿地公园和周边社区发展资金投入的同时，广泛吸收社区闲散劳动力，增加社区群众就业机会，从而促进湿地公园与社区和谐共处。

第三，切实搞好生态旅游的规划与管理。以"生态文明建设"为契机，结合社区的特色，在湿地公园《总体规划》的基础上，加强与旅游部门的协调沟通，对公园内的旅游资源进行合理的规划与利用。通过发展生态旅游业，带动社区发展生态农业和第三产业，推动湿地公园与社区经济的全面发展，使社区群众获得更多的经济收益。

第四，针对各村的不同情况，发展优势产业。要因地制宜引导村民开发和培育绿色产业，培养特种养殖业，发展农家乐，逐步形成规模经营，提高生态型产业的经济效益，促进社区群众脱贫致富。

4.10.7　捐赠社区

根据南雄市精神文明建设委员会办公室关于开展"源头关爱青少年、安全（法律）知识进校园、我为学生捐本书"活动的函文件精神，湿地公园管理处干部职工踊跃参与捐书活动。

4.10.8　建立健全专门机构

广东孔江国家湿地公园在管理处内单设了一个社区共管股，配备了专门人员 3 人。主要职责是：负责社区的事务协调工作和社区共建共管的各项具体工作；负责辖区内自然资源、湿地文化的保护管理规划和各项规章制度的制定及组织实施；负责辖区内自然灾害、突发事件的防御防范和应急救援处置工作；负责辖区内安全生产、治安保卫和护林防火工作；负责辖区内执法管理工作。2013 年 12 月，建立了"广东孔江国家湿地公

园社区共建共管委员会"，由乌迳镇、界址镇镇、村两级代表和管理处代表组成，并选举出了4名社区共管委员会代表，通过了《广东孔江国家湿地公园社区共建共管委员会章程》。委员会的建立，有力地促进了广东孔江国家湿地公园的社区共建共管工作，推动了湿地公园与社区的和谐发展。通过建立健全机构，搭建好社区共建共管平台，有力地促进了孔江湿地公园社区共管工作的顺利开展。

广东孔江国家湿地公园社区共建共管委员会章程

4.10.9　摸清社区情况

孔江国家湿地公园共涉及乌迳、界址2个镇7个行政村，通过工作人员到社区摸底调查，湿地公园范围内社区共有5个村民小组112户农户，农业人口665人，占社区总人口12748人的5.22%。农村劳动力266人，占社区总人口的2.1%。农民因外出务工流动106人，占社区总人口的0.83%。当地村民以种植农作物为主要经济收入。

4.10.10　开展形式多样的社区共管工作

（1）组织管理人员、村民学习有关的湿地知识、湿地政策和法规等，共同探讨社区群众自身的问题和需求。主要形式包括组织社区群众集中学习、召开座谈会等。

（2）深入社区调研和征求意见。主要包括深入社区走访调研，征求社区群众对湿地公园建设的建议、意见。

（3）村民参与一些战略性决策的制定，同时有机会参加日常的湿地项目共管工作。主要包括村支书、村小组组长等骨干参与设想湿地公园未来建设方向，聘用社区村民为湿地管护人员、保洁员等。

（4）开展社区湿地知识科普教育。主要通过召开村民会议，向村民面授湿地知识；联合周边社区开展"凝聚青春正能量"为主题的青少年湿地公园野外拓展训练活动；定期发放湿地知识宣传单或宣传画等；开展主题宣传活动、张贴主题宣传标语；在主要路口设立湿地知识宣传牌等。

（5）组织湿地保护志愿者进社区服务活动。

（6）协助指导社区村民制定和通过湿地保护村规民约。通过开展各式各样的社区共管活动，使社区村民进一步了解什么是湿地，认识湿地在人类生存中的主要作用，使他们认识到保护湿地就是保护资源、保护根本、保护我们人类自己，从而进一步提高村民保护湿地的意识，进一步认识到湿地就是人与自然和谐共存的家园。通过形式多样的社区共管活动，提高社区村民的主人翁意识，使大家成为湿地生态资源的受益者和保护者。

湿地保护村规民约

4.11　富锦国家湿地公园和安邦河国家
湿地公园的社区共管经验

(1)组织管理人员、村民学习有关的湿地知识、湿地政策和法规等，讨论找出自身的问题和需求。主要形式包括免费开展培训课程、提供外出学习培训机会等。

(2)创建有效的激励机制，包括经济激励、政治激励和社会激励。经济激励主要为物质奖励，如购买监测设备等；政治激励主要为在合适的条件下，由短工转为固定管护人员；社会激励主要为开展生态旅游时提供劳动力或提供就业机会。

(3)村民参与一些战略性决策的制定，同时有机会参加日常的湿地项目共管工作。主要包括村主任、书记等骨干参与公园道路等基础设施建设、聘用村民为湿地管护人员等。

(4)开展社区湿地宣传教育。主要通过召开村民会议，向村民面授湿地知识，并结合本村的湿地现状来提高其认识水平；与学校教育结合，对中小学生进行湿地知识教育；定期发放湿地知识宣传单或宣传画等。

4.12　社区共建共管案例——西藏多庆错国家湿地公园

西藏多庆错国家湿地公园地跨康马县和亚东县，位于两县县域交界处。康马县位于西藏自治区南部、日喀则地区东部，距日喀则市 140 km。境内与亚东、白朗、江孜、浪卡子四县相邻，境外与不丹王国接壤，边境线长 78 km。总面积 6165 km^2。总人口 20036 人，藏族占总人口的99%以上，农牧区人口占总人口的93%。康马县辖 1 个镇、8 个乡：康马镇、涅如麦乡、涅如堆乡、嘎拉乡、莎玛达乡、康如乡、少岗乡、南尼乡、雄章乡，共有 48 个村委会、115 个自然村。亚东县位于西藏自治区南部边境，喜马拉雅山脉中段南麓，东经 88°52′~89°30′、北纬 27°23′~28°18′。北与康马、白朗、岗巴三县相接，向南呈楔状伸入邻国印度和不丹之间。全县东西宽 45 km，南北长 123 km，总面积 4306 km^2。总人口 11953 人，其中非农牧业人口 2235 人。亚东县辖 2 个镇、5 个乡：下司马镇、帕里镇、下亚东乡、堆纳乡、上亚东乡、吉汝乡、康布乡，共有 25 个村委会（居委会）、67 个自然村。

西藏多庆错国家湿地公园主要湿地包括多庆错、堆纳湿地两部分，共涉及周边的 8 个行政村和 5 个自然村。

4.12.1　社区社会经济分析

(1)以农牧业为主,经济发展不均衡。

康马县和亚东县是典型的以农牧业经济为主的县。湿地公园范围内的各村均以牧业经济为主,收入水平不高。第二、第三产业所占的比例很小,经济发展的不均衡性十分显著,这也导致了他们对自然资源强烈的需求压力和依赖性。

(2)草场退化严重,生产和生态环境矛盾明显。

由于湿地公园周边为牧区,牧民的过度放牧导致草场退化严重,局部地段沙化现象严重。牧民的生产、生活与周边的生态环境存在着矛盾,也给湿地公园的建设带来了影响,在一定程度上制约了社区农业发展。

(3)社区人口文化素质较低,文化水平不高。

目前,社区内初中文化以上人数约只占总人口数的 25%。社区人口文化素质低容易造成群众的环境保护意识差。

(4)经济来源缺乏,对湿地资源依赖性大。

目前,湿地公园周边的牧民主要经济收入来源为牲禽养殖和农业。社区经济来源总体偏少,传统农牧业生产方式落后,经济基础差,缺乏经济增长点,经济发展受限制,社区居民对多庆错及其周边湿地资源的依赖性很大。

(5)乡村道路等级低,交通条件相对较差。

湿地公园内尽管村村之间有乡村公路,但公路网络技术等级较低、通达深度较小,很多道路尚未硬化,交通路况不够理想,制约了地方经济的发展。

4.12.2　湿地公园管理中社区参与者的组成

湿地的保护管理工作离不开周边社区的大力支持和协助,因此建立良好的社区共建共管机制,探索良好的社区共建共管模式,是湿地公园建设管理的重要内容,也是关系到湿地公园建设成效的关键所在。

基于湿地公园及周围社区的社会经济状况及存在的种种矛盾,在保护湿地自然环境和物种资源平衡的前提下,适度开发利用各种资源,开展有益项目,将湿地公园的管理、保护与利用和周边乡村群众的生活和福利有机结合起来,是解决问题的关键。尊重和听取当地牧民的意见,强调和鼓励社区参与资源管理,建立社区与湿地公园的共管机制,实行牧民与湿地公园携手共同管理湿地公园的政策。

湿地公园社区管理参与者可划分为以下几类:

(1)由当地牧民组成的社区。牧民居住在湿地公园内并直接占有和使用湿地公园内的自然资源。

(2)与湿地公园资源管理有直接利益的当地社区。如湿地公园涉及的 2 个乡的工作人员和 8 个村的村委会。

(3)湿地公园内资源的商业使用者(个人、公司等),他们与资源的关系是纯粹的商业关系。

（4）湿地公园内资源的短期使用者，如旅游者。

（5）湿地公园社区的支持者，如环境保护组织、社会和个人团体、发展援助组织和某些个人。

（6）湿地公园内产品的最终用户。

（7）负责某种湿地公园资源的管理部门，如林业、旅游、渔业、水利部门。

政府部门在社区共管中起到了相当重要的作用，其最低投入应是一种政策和法律框架，它是形成管理战略和行动的基础，包含非政府组织有关利益方在资源管理过程中的合法地位。其作用主要如下：召集有关各方参加讨论；与政府的其他部门联系；对引入或执行资源管理实施者给予奖励；必要时加强执法；当有关利益方之间发生争端又不能自行调解时，由政府出面协调解决；提供及时的财政支持；提供诸如基础设施的开发投入。

4.12.3　湿地公园社区共管的主要内容

湿地公园的管理是一项比较复杂的全方位工作，涉及部门多，地域范围广且复杂，仅凭政府行政主管部门管理很难达到保护效果。因此，必须结合湿地区域的实际情况，让群众参与一起管理，才有可能达到真正的保护效果。湿地公园的建立伊始就需注意与湿地公园周边群众建立牢固的共生关系。湿地公园管理局作为直接管理机构，为提高周边社区群众的自然环境和湿地资源保护意识，使其自觉参与保护区的保护与管理，除了经常性地组织开展森林资源保护宣传活动，还要利用自身技术和人才优势，帮助周边群众解决生产、生活上的困难，推广农林科学技术，为社区群众寻找并指导替代生计项目；扶持社区发展经济，以逐步减少周边社区对保护区资源的依赖，逐渐缓解至最终消除对湿地公园的压力，为实现湿地公园和社区经济的可持续发展多做工作。

共同参与管理的主要内容有以下几个方面：

（1）共同参与编制湿地、动物、植物和环境保护法规并共同执行。

（2）共同参与湿地公园管理系统的学习、培训工作，参与湿地水禽、生境、生态系统的保护宣传教育工作。

（3）实时进行环境监测，进行数据分析，提出保护的合理建议。

（4）共同编制参与管理的规划。

4.12.4　湿地公园社区共管的实施

社区参与管理的流程主要包括以下几个方面：

（1）湿地公园社区共管组织的建立。

湿地公园管理局作为组织单位，成立社区共管领导小组，领导小组组长由日喀则地区行政公署分管林业的副专员担任，成员由日喀则地区林业局、康马县县长、亚东县县长及相关领导、湿地公园范围内各村村主任等组成。领导小组的主要职责是协调各级地方政府之间的关系，指导、协调社区共管活动。

在社区共管领导小组下，各村分别成立社区共管委员会，社区共管委员会成员由村民代表、村干部、乡干部组成，其职责为：组织编制共管公约和共管协议，收集、整理社区基础数据和资料，分析社区冲突矛盾和需求，编制社会经济调查报告和社区资源管理计划，设计社区发展项目，并监督实施；在社区开展公共意识和资源保护教育活动，在社区建立并管理社区发展基金，开展社区资源保护示范活动，对社区进行生产技能培训。

（2）湿地公园社区共管内容的实施。

为确保社区共管工作能有序进行，必须有计划、分步骤地按社区共管规划实施。在实施过程中，对存在的问题、解决办法、实施时间与责任人进行确定。

①开展宣传教育，增强环保意识。②管理责任人要随时调查了解社区对资源利用的需求。③为社区居民提供信息与技术支持。④建立适当的补偿政策制度和社区发展基金。积极开辟渠道，筹措社区发展基金。尽可能地为社区居民提供优惠信贷。⑤协调地方关系，扩大社区参与、保护力度。⑥建立切实可行的生态保护和资源利用机制。

4.12.5　社区共管途径的探讨和尝试

湿地公园当地社区为了自己的生活稳定和保持自己独特的文化，一直在使用、改善和维护着湿地，在此过程中，当地牧民有着自己的行为准则和规约，这些准则和规约完全融入了他们的信仰体系和宗教活动中，当地的机构可持续地管理湿地和其他资源，湿地向社区长期提供食物、饲料及其他许多基本需求和文化上的需求。因此，湿地公园的建设需要将参与式理论引入湿地公园保护管理工作中，建立符合当地实际的社区参与机制。社区共管主要通过以下途径：

（1）加强社区宣传，提高社区湿地保护意识。湿地公园的建设是一项"功在当代，利在千秋"的社会性生态公益事业，这项工作的开展需要社区各界的大力支持，而获取公众支持的途径就是宣传教育。

（2）加强社区组织工作，提高湿地管理水平。建立统一、有效的湿地公园管理机构，是湿地公园开展好社区管理工作的基础和前提。

（3）互利互惠、共同发展为社区参与的重要原则。湿地公园的存在必须依靠周边牧民的理解和支持，湿地公园的管理部门要在湿地公园边缘划出地来，允许牧民从事正常的生产、开发活动，让牧民的生产和生活得到保证，同时，当地牧民也应该把自己看作湿地公园的一员参与到湿地公园的保护管理工作当中。

（4）健全法制，把社区参与管理纳入法制。认真贯彻国家、自治区、市有关湿地资源及生态环境保护的法律法规，做到有法必依，执法必严，是社区参与的重要保证；同时，根据湿地公园周边的实际情况，制定湿地公园管理规定并教育周边的牧民自觉遵守。

（5）紧紧依靠当地政府的支持，与当地经济同步发展。湿地公园是一个自然—经济—社会实体，不能独立于社会，许多工作的开展，离不开当地政府的支持，要积极与有关部门建立联营管理组织，围绕湿地公园的自然保护、资源利用、生产与生活、科学研究和旅游活动开展多种形式的工作，要将湿地公园的建设纳入地方政府经济发展规划和计划中，做到湿地公园与社区经济共同发展。

（6）正确引导牧民发展生产。要切实采取教育疏导和扶持帮助牧民开辟有利于湿地资源保护的生产路子，引导他们走靠草养草、靠水养水，劳动致富的道路，只有牧民逐步富裕起来，文化素质提高了，才能从根本上解决湿地保护与牧民利益的矛盾。

第 5 章　河南南阳白河国家湿地公园与社区情况

5.1　河南南阳白河国家湿地公园的基本情况

5.1.1　自然地理概况

5.1.1.1　地理位置

　　南阳市位于河南省西南部、豫鄂陕三省交界处。东邻驻马店市和信阳市，南接湖北省的襄樊市和十堰市，西与陕西省的商洛市相连，北与三门峡市、洛阳市和平顶山市三市毗邻。地理坐标介于东经 110°58′~113°49′，北纬 32°17′~33°48′。东西长 263 km，南北宽 168 km，土地总面积 2.66 万 km²，约占河南省总面积的 16%。在河南省 18 个省辖市中面积最大、人口最多（2019 年 1201.88 万人）。

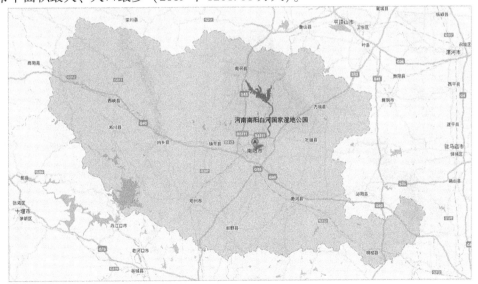

白河国家湿地公园在南阳市的位置

　　南阳市地理位置优越，是焦枝铁路、宁西铁路和高速公路网的交会地。同时，南阳市也是全国北煤南运的主要通道，是华中电网南水（电）北火（电）相济的咽喉地带，是西安至合肥，呼和浩特至北海两条光纤通信线路的交会地，也是国家重点工程南水北调中线工程的源头所在地。

　　河南南阳白河国家湿地公园地处南阳市中北部，跨南召县、方城县、宛城区、卧龙区、城乡一体化示范区和鸭河工区，由北向南呈片带状（片指鸭河口水库宽广水面，带指白河河流带状廊道）走向，主要包括鸭河口水库及其下游的白河至南阳北绕城高速段及周边一定区域（详见下图）。地理坐标大致为：东经 112°24′55″ ～112°40′50″，北纬 33°04′29″ ～33°24′54″。

　　湿地公园规划总面积 172.762 km²。

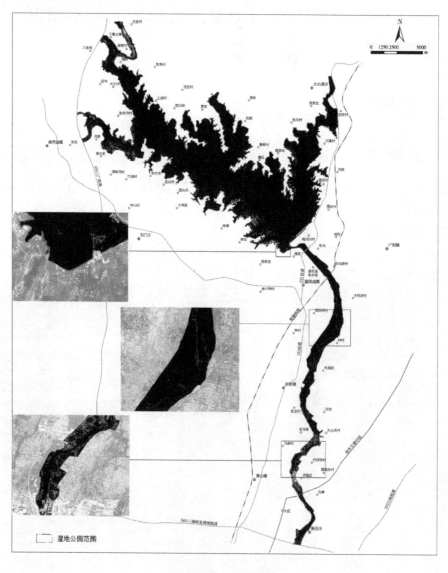

白河国家湿地公园范围

5.1.1.2　地质地貌

南阳市地处华北地台南缘与秦岭造山带接壤部位，绝大部分地区属秦岭造山带，仅北部边缘属华北地台南缘。经历了长期复杂发展演化及多期不同层次变质变形改造，地质构造极为复杂。分布有多条新生活动断裂带，经南阳的区域性断裂带有 6 条，自北向南分别为栾川—维摩寺—明港断裂带、瓦穴子—鸭河口—刑集断裂带、朱阳关—夏馆—大河断裂带、西官庄—镇平—龟山断裂带、木家垭—内乡—桐柏断裂带和大石桥断裂带。

南阳市东、北、西三面环山，中南部为开阔的盆地，山区、丘陵、平原各占 1/3，最高峰是位于西峡境内的鸡角尖，海拔 2212.5 m，最低点位于新野城南，海拔 77.3 m，高差 2135.2 m。中山标高 800~2200 m，相对高度 500~900 m，面积约为 1500 km²。山体呈北西—南东方向延伸，走向与构造线基本一致。从淅川县西部北上西峡沿山脊轴线至桐柏最东端，延绵 500 余 km，山体坡度 15°~40°；低山标高 500~800 m，相对高度 300~400 m，面积约为 7500 km²，分布于中山周围，山势较缓，一般在 10°~35°，山间盆地和宽浅谷地颇为发育；丘陵标高 300~500 m，最高可达 700 m，相对高度 50~150 m，分布于低山周围和盆地边缘，总面积约 5000 km²，多呈北西—南东向，沟谷散乱，多分布于南阳盆地西北和南召、方城、桐柏一带，相对高度 50 m 左右，坡度 5°~15°，沟谷宽浅；岗地标高 120~200 m，相对高度 10~30 m，分布在南阳盆地周围，以盆地东、西两侧最为发育，总面积为 5100 km²；平原与山间盆地、盆中平原标高 80~200 m，地势微向南倾，坡度 1°~4°，南北长约 80 km，东西宽约 70 km，总面积 7200 km²，地势平坦。山间盆地，分布于西峡、淅川、南召和桐柏，范围大小不等，地势平坦。

南阳白河国家湿地公园位于南阳盆地，地势北高南低，南北长，东西窄，由西北向东南以浅山丘陵、垄岗和平原三种地表形态缓慢倾斜，地势相对平坦。

5.1.1.3　水文

1. 白河

白河属汉江流域唐白河水系，发源于伏牛山南麓（洛阳市嵩县境内的玉皇顶），流经嵩县、南召县、南阳市区、新野县，至湖北省襄阳市两河口与唐河汇流后，于襄樊市注入汉水，流域面积 12270 km²，河道总长 329.3 km。白河在南召县境内流入鸭河口水库，下泻流量受水库闸坝人为控制，在独山东北进入城区，是城区的过境河流。

白河是南阳市城区的主要地表水体和地下水主要补给源，白河水资源量见表 5-1。

在白河的南阳市城区段，已建成四级橡胶坝，蓄水 2500 万 m³，回水面积 13 km²，每年可拦蓄利用水资源 1.6 万 m³。对改变南阳城区缺水状况及增加地下水补给量，发挥了巨大作用。

白河在鸭河口水库坝下流出至南阳城区河段依次有李盘沟、高沙河、麦河、泗水河、三湾河、涌河、温凉河、梅溪河、三里河、十二里河等支流汇入，这些支流的主要功能是泄洪，季节性变化很大，枯水季节有时会出现干涸。由于部分支流接纳了沿途的工业或生活污水，且目前均没有集中处理设施，仅靠自净作用削减污染物，已对城区段下游白河水质造成了不同程度的污染。

南阳市城区的温凉河、三里河、梅溪河、十二里河和护城河平时流量很小，功能以河道景观为主。这些河流流经城市建成区段的水体污染较重，且已对沿途地下水造成一定污染。尽管在城区已建成梅溪河、温凉河截污管道，这种现象仍未完全改观。

表 5-1　白河水资源量一览　　　　　（单位:万 m^3）

项　目	年总径流量	年兴利径流量	年过境径流量
丰水年	124659.76	15020.73	109639.03
平水年	50268.8	12792.82	37475.98
枯水年	7664.45	5701.19	1963.26

注:数据来源于《南阳市城市饮用水水源地环境保护规划(2005)》。

2. 鸭河口水库

鸭河口水库位于伏牛山向南阳盆地过渡的丘陵地带，伏牛山余脉的九里山、青山、五垛山等诸多山峰耸峙于水库西北。鸭河口水库处于白河上游，离南阳市区约 40 km，蓄水约 13 亿 m^3，具有防洪、灌溉、养殖、旅游等综合功能，是规划的南阳市城区饮用水主要水源地。

水库大坝始建于 1958 年 11 月，1959 年 12 月竣工。水库大坝横卧于曹店岭与黑山头之间，长 1400 m，高 34 m，坝顶宽 5 m。汇水面积 3079 km^2。鸭河口水库是豫西南第二大水库，灌溉面积 1400 km^2。大坝两侧各建发电站 1 座，年发电量 211 万 kW·h。鸭河口水库除白河外另有鸭河、黄鸭河、留山河等主要支流汇入，多年平均径流量 10.93 亿 m^3，保证率 50% 时为 9.73 亿 m^3，保证率 75% 时为 6.12 亿 m^3，保证率 95% 时为 2.84 亿 m^3，总库容 13.16 亿 m^3。水库主要特征指标见表 5-2。

表 5-2　鸭河口水库主要特征指标

校核洪水位	181.3 m	相应库容	13.16 亿 m^3	总库容	12.20 亿 m^3
设计洪水位	179.5 m	相应库容	11.20 亿 m^3	设计调洪库容	3.25 亿 m^3
设计蓄水位	177.0 m	相应库容	8.32 亿 m^3	共用库容	0.37 亿 m^3
汛期限制水位	175.7 m	相应库容	7.95 亿 m^3	兴利库容	7.90 亿 m^3
死水位	160.0 m	相应库容	0.83 亿 m^3	死库容	0.83 亿 m^3

注:数据来源于《南阳市城市饮用水水源地环境保护规划(2005)》。

5.1.1.4　水质

据河南省生态环境厅历年发布的《河南省环境状况公报》显示，湿地公园范围内

的鸭河口水库和白河段水质总体上都为《地表水环境质量标准》（GB 3838—2002） Ⅱ
类水，达到了饮用水源地一级保护区水质要求，说明湿地公园水体水质良好。

鸭河口水库 2020 年 7 月监测结果表明水体的水质总体较好，除总氮外，其他各项
指标符合 Ⅱ 类水标准要求。以总氮、总磷、高锰酸盐指数、叶绿素 a 和透明度 5 个参数
作为水质营养状态参数，鸭河口水库水体处于中营养状态。

2015～2020 年依据湿地公园和环境保护局的监测，湿地公园范围内的鸭河口水库和
白河段水质总体上都为《地表水环境质量标准》（GB 3838—2002） Ⅱ 类水，达到了饮
用水源地一级保护区水质要求，说明湿地公园水体水质良好。

5.1.1.5　气候

湿地公园所在的南阳市处于亚热带向暖温带的过渡地带，属典型的季风性大陆半湿
润气候，四季分明，阳光充足，雨量充沛。据南阳市气象站历年观测资料：

南阳市年平均气温在 14.4～15.7 ℃，最冷月平均气温 0.9 ℃（1 月），最热月平均
气温 27.4 ℃（7 月）；年极端最高气温 45.1 ℃，出现于 1934 年 7 月 15 日；年极端最
低气温-21.2 ℃，出现于 1955 年 1 月 1 日。

南阳市年平均降水量 805.8 mm，历年最大降雨量 1290.1 mm，最小降雨量 492.2
mm。季节降水不均，受季风影响，多雨期在 6～8 月，少雨期在 12 月、1 月、2 月，多
雨期的 3 个月降水量约占全年降水量的 57%。

南阳市年平均蒸发量 1494.7 mm，蒸发量大于降水量，历年来最大蒸发量为 1955.4
mm，最小蒸发量为 1116.6 mm。以 6 月空气最干燥，蒸发量最大；平均绝对湿度为
14.0 mg/m³，平均相对湿度为 72%；7～8 月相对湿度最大。

南阳市西北部有伏牛山和秦岭为天然屏障，一年四季以东北风为主，夏季兼有东南
风，历年平均风速 2.6 m/s，春季最大风速 2.9 m/s，秋季最小风速 2.2 m/s，瞬时最大
风速达 12.1 m/s（出现于 1953 年 3 月）。

历年平均雷暴雨日数 29.4 d，日最大降雨量 180.2 mm。无霜期 220～240 d，年平
均日照时数 2116 h；积雪最大深度 27 cm，冰冻深度 30 cm，年平均气压 1001.2 hPa。

5.1.1.6　土壤

湿地公园范围内大部分为沙土和沙质黏土，部分地段有砂岩出露。鸭河口水库周边
土壤主要为砂土，属南阳盆地边缘的垄岗地带，主要土层为第四系上更新统洪积和湖相
沉积层，自上而下，分亚黏土、黏土、亚黏土，承载力为 0.12～0.22 MPa，为地震 Ⅵ
度烈度区。

5.1.2　湿地资源

5.1.2.1　湿地类型和分布

河南南阳白河国家湿地公园湿地资源比较丰富，类型相对多样。根据《全国湿地

资源调查技术规程（试行）》的分类系统，参照河南省第二次湿地资源调查结果，湿地公园内湿地分为河流湿地和人工湿地两大湿地类及永久性河流、洪泛平原湿地、库塘和运河/输水河四大湿地型。

（1）河流湿地。

河流湿地包括永久性河流和洪泛平原湿地两个湿地型。

永久性河流主要指白河及其支流以及鸭河口水库汇水支流，洪泛平原湿地主要指白河洲滩湿地。

白河国家湿地公园河流湿地鸟瞰

（2）人工湿地。

人工湿地包括库塘和运河/输水河两个湿地型。

库塘主要是指鸭河口水库。运河/输水河主要指鸭河口水库的溢洪道。

河南南阳白河国家湿地公园以较大水量的永久性河流和宽阔水面的库塘湿地为主体、以洪泛平原湿地和运河/输水河为补充组成的复合湿地生态系统在我国亚热带和暖温带过渡区域具有较强的典型性和代表性，在河南省和我国中原地区具有较强的独特性。

白河国家湿地公园人工湿地鸟瞰

5.1.2.2 湿地面积

据实地调查和内业制图，河南南阳白河国家湿地公园土地总面积为 172.762 km^2，其中湿地总面积为 130.765 km^2，占土地总面积的 75.7%。其中，河流湿地面积为 28.978 km^2，占湿地总面积的 22.2%，占土地总面积的 16.8%；人工湿地面积为 101.787 km^2，占湿地总面积的 77.8%，占土地总面积的 58.9%。其中，人工湿地中库塘占主体（见表 5-3）。

表 5-3 河南南阳白河国家湿地公园湿地类型一览

代码	湿地类	代码	湿地型	面积（km^2）	占湿地总面积 比例(%)	占土地总面积 比例(%)
2	河流湿地	201	永久性河流	15.918	12.2	9.2
		203	洪泛平原湿地	13.060	10.0	7.6
5	人工湿地	501	库塘	101.681	77.7	58.8
		502	运河、输水河	0.106	0.1	0.1
合　计				130.765	100.0	75.7

注：湿地分类系统采用《全国湿地资源调查技术规程（试行）》。

因此，从表 5-3 可以看出，河南南阳白河国家湿地公园以人工库塘、永久性河流湿地和洪泛平原湿地为主，三者面积占湿地公园内湿地总面积的 99.9%，占湿地公园土地总面积的 75.6%。

5.1.3 湿地生物多样性

（1）植物资源。

根据吴征镒主编的《中国植被》（1980）中"中国植被区划图"，及《河南省植被》的划分，河南南阳白河国家湿地公园在植被区划上属亚热带东部常绿阔叶林区域→亚热带常绿、落叶阔叶混交林地带→淮扬山地丘陵落叶栎类、青岗栎、马尾松林区。该区位于伏牛山南部低山丘陵萌生栎类植被片，地势平缓、土壤深厚、气候温和。山地乔木层主要分布有栓皮栎群落、短柄枹群落、锐齿槲栎群落、化香群落等。灌木主要有黄栌群落、荆条群落、酸枣群落、胡枝子群落等。草本植被主要由芒、孔颖草、隐子草、苔草、蒿类等优势种类组成。河滩地和浅水湿地沼泽分布有香蒲、芦苇、水蓼、水苦荬、酸模等群落。水域分布有狐尾藻群落、菹草群落和黑藻群落。栽培的人工植被主要为小麦、玉米、花生、红薯、豆类、棉花、芝麻、油菜等农作物，以及苹果、梨、桃、核桃、葡萄等果树；在村旁、路边、河堤、渠岸还栽有欧杨、旱柳、泡桐、刺槐、榆等阔叶树种及淡竹、刚竹、桂竹等竹类。

　　根据调查，河南南阳白河国家湿地公园及其周边有维管植物 122 科 438 属 900 种，其中，蕨类植物有 14 科 23 属 43 种；裸子植物有 5 科 8 属 11 种；被子植物 103 科 409 属 846 种。根据国务院 1999 年 8 月 4 日批准发布实施的《中国国家重点保护野生植物名录（第一批）》，结合实地调查统计，河南南阳白河国家湿地公园已知国家重点保护植物 9 种，其中，包括国家 I 级重点保护植物 2 种，即：银杏、水杉，主要为人工栽植；国家 II 级重点保护植物 7 种，即：榉树、乌苏里狐尾藻、野菱、野大豆、莲、金荞麦、中华结缕草。

　　（2）动物资源。

　　通过实地调查访问，已查明河南南阳白河国家湿地公园及其周边区域内脊椎动物共有 5 纲 29 目 72 科 256 种。其中，鱼纲 5 目 11 科 56 种，以鲤形目为主；两栖纲 1 目 3 科 7 种，以蛙科为主；爬行纲 2 目 7 科 18 种，以游蛇科为主；鸟纲 16 目 43 科 156 种，以雀形目和雁形目为主；哺乳纲 5 目 8 科 19 种，以鼠科和鼬科为主。

　　同时，河南南阳白河国家湿地公园内有众多重点野生保护动物。其中，国家 I 级重点保护动物 3 种，分别是黑鹳、金雕和秃鹫，国家 II 级重点保护动物 21 种，分别是大天鹅、小天鹅、鸳鸯、鹗、苍鹰、雀鹰、松雀鹰、大鵟、普通鵟、白尾鹞、红脚隼、燕隼、红隼、红角鸮、领角鸮、雕鸮、纵纹腹小鸮、长耳鸮、短耳鸮、斑头鸺鹠和青鼬；列入《国家保护的有益的或者有重要经济、科学研究价值的陆生野生动物名录》的两栖动物和鸟类和兽类达 154 种。

5.1.4　湿地景观与文化资源

5.1.4.1　湿地景观

　　（1）水域景观。

　　婀娜多姿的白河婉转于南召和南阳市之中，水质清澈，就像一条祥龙急于奔腾下游，急切地想投入汉江怀抱当中；鸭河口水库更像一条龙卧榻在白河中间，宽阔的水面、清澈的水质给人一种场面的大气感。大大小小的岛屿镶嵌在人工湖泊中，如同珠玉散落玉盘，造就了 1000 多个库汊，形成湖中有湖、山外有山、山重水复、山环水抱的奇景。同时，还有白河河畔和洲滩中的浅水区和洪泛平原湿地是众多水禽栖息的理想场所。

　　（2）地文景观。

　　在烟波浩渺的湖水之中，大小山峰层峦叠嶂、高低连绵、形态各异，同时，还有湖中多个岛屿、大量的库汊、库湾给人一种神秘的感觉。白河两岸的人工河岸林长势良好，与白河构筑了婉转的生态廊道。

　　（3）生物景观。

　　河南南阳白河国家湿地公园生态地位突出，资源禀赋条件好，较好的生境为动植物提供了良好的栖息环境，生物资源丰富。这些丰富的生物资源给河南南阳白河国家湿地公园的建设打下了良好的资源基础，湿地公园内的自然景观尽管遭到了一定的人为破坏，但仍一年四季景色宜人，可以提供给人们鸟类观赏、科普教育、休闲娱乐等一系列的旅游观光项目。

（4）天象与气候景观。

落日时分，鸭河口水库波光粼粼，夕阳西下，可以体验夕阳下满载收获的渔船归港；屹立于鸭河口水库大坝上，观看水汽烟云；鸭河口水库中的湖水躺卧在群山当中，如遇上湖面上淡淡薄雾，两岸美丽景色带着些许朦胧。日落时分，大河落日的景观让人震撼，游客也可一边观赏落日，一边欣赏湖面水鸟低飞，如美丽恬静的少女仰面赏月，漾起一圈圈涟漪，羞涩离去，景色醉人。

5.1.4.2　湿地文化资源

河南南阳白河国家湿地公园湿地文化资源主要包括湿地文化、农耕文化、民俗文化、历史文化、汉文化、三国文化、宗教文化、玉文化、饮食文化和水利文化等。

5.1.5　功能区划

河南南阳白河国家湿地公园被区划为以下四个功能区：
（1）保护保育区。
（2）恢复重建区。
（3）宣教展示区。
（4）管理服务区。

从表 5-4 可以看出，保护保育区面积为 161.967 km^2，占河南南阳白河国家湿地公园总面积的 93.8%，是湿地公园的绝对主体。

表 5-4　河南南阳白河国家湿地公园功能分区

分区	小区	面积（km^2）	比例（%）	主导功能
保护保育区	鸭河口水库水源和游禽类栖息地保护保育小区	91.866		保护、提高
	库塘浅水区水禽栖息地保护保育小区	23.143		保护、提高
	环库水源涵养林保护保育小区	33.595		保护、提高
	白河河流水禽栖息地保护保育小区	13.363		保护、提高
	小计	161.967	93.8	保护、提高
恢复重建区		7.066	4.1	保护、提高
宣教展示区		3.518	2.0	提高、利用
管理服务区		0.211	0.1	保护、提高
合计		172.762	100.0	

5.1.5.1　保护保育区

保护保育区是湿地公园的主体和生态基质，是南阳市的战略水源地和城市居民生命支撑系统，是以水禽为代表的众多生物的主要栖息场所，是湿地公园内生物多样性最为丰富的区域，是湿地公园的主要景观载体，也是湿地公园内湿地生态系统保护的核心区域。保护保育区主要开展湿地生态系统保护保育、必要的科研监测和科普宣教活动。

1. 范围

保护保育区主要包括鸭河口水库及周边一定范围的水源涵养林，也包括下游白河生境较好的水禽栖息地，面积为 161.967 km²，占湿地公园总面积的 93.8%。根据湿地资源现状和保护对象的细化，该区可细分为四个小区：鸭河口水库水源和游禽类栖息地保护保育小区、库塘浅水区水禽栖息地保护保育小区、环库水源涵养林保护保育小区和白河河流水禽栖息地保护保育小区。

2. 建设目标

（1）水质维持在《地表水环境质量标准》（GB 3838—2002）中 Ⅱ 类水质标准。
（2）营造良好的水禽栖息地，打造水禽自然乐园。
（3）建立结构完善、功能完备的湿地—森林复合生态系统。
（4）把湿地公园打造成为河南省湿地保护保育的示范点。

3. 建设思路

依据相关的法律法规，对该区的湿地和森林生态系统进行严格保护，以水质保护保育和水禽栖息地保护保育为核心，对现有的水上活动进行规范，积极实施周边外源污染的治理和库区船只线源污染的治理；严禁鸭河口水库采砂行为，严禁引进外来生物和开展人工养殖活动；在对水源涵养林进行严格的保护基础上开展适度的恢复和营造；对现有的水禽栖息地进行严格保护，严厉打击偷猎和破坏水禽栖息地的行为；适度开展水禽栖息地恢复和营建项目，扩大水禽栖息地数量，提高质量；开展必要的科研监测和科普宣教活动。

4. 主要建设内容

该区主要建设内容包括：环库水源涵养林、生态拦截沟渠塘系统、湿地生态滤场系统、入库入河溪流保护与修复、鸭河口水库型水岸建设、栖息地保护工程、局部库区富营养化治理、鸭河口水库水禽栖息地恢复与修复、白河河流水禽栖息地恢复与修复和典型水禽栖息地营建等建设。

5.1.5.2　恢复重建区

恢复重建区是进行湿地恢复重建的主要区域，主要是以人工促进为主的方式恢复和重建白河河流湿地生态系统结构、过程和功能，恢复良好的水文条件，打造健康的河流廊道生态系统，改善和提高水禽栖息地质量，扩大水禽栖息地面积，让水禽重新回归栖息乐园，并开展相应的科研监测和科普宣教活动。

1. 范围

恢复重建区主要包括湿地公园范围内的白河下游段，面积为 7.066 km²，占湿地公园总面积的 4.1%。

2. 建设目标

(1)打造健康的河流生态系统。
(2)恢复和重建良好的水禽栖息地。
(3)营造良好的河流湿地景观。
(4)打造河南省河流廊道生态系统恢复重建的示范。

3. 建设思路

严格执行《河南省〈河道管理条例〉实施办法》《河南省河道采砂管理规定》，对现有的采砂行为进行规范和指导，积极开展生态疏浚，减少现有河道的淤积，提高白河的调蓄能力和生物承载能力；对采砂迹地进行水系疏通等，重建良好的河流水文特征；积极进行河流水岸建设，打造良好的水岸；积极进行水禽栖息地恢复与修复、典型水禽栖息地的营建，恢复良好的水禽栖息环境，构建良好的河流廊道水禽栖息地乐园。

4. 主要建设内容

该区主要建设内容包括：白河河流型水岸建设、河道采砂迹地水系疏通优化、湿地植物多样性恢复、白河河流水禽栖息地恢复与修复、典型水禽栖息地营建。

5.1.5.3　宣教展示区

宣教展示区是湿地公园内开展湿地科普宣教的重要场所。通过在科普宣教展示区内开展室内和室外相结合的科普宣教活动，将有效提高大众对湿地的认识和湿地保护意识，提高南阳市的生态文明建设水平。

1. 范围

宣教展示区主要包括鸭河口水库大坝和溢洪道区域至焦柳线河段，面积 3.518 km²，占湿地公园总面积的 2.0%。

2. 建设目标

(1)南阳市生态文化和地方文化的展示平台。
(2)南阳市生态文明教育基地。
(3)南阳市湿地科普宣教基地。
(4)湿地公园对外形象窗口。

3. 建设思路

以自然湿地景观为载体，以湿地生态文化和地域历史文化为内涵，以湿地科普宣教、科研监测、培训教育、对外交流合作和生态文明教育为重点，以室内和室外宣教手段相结合的方式，积极进行湿地宣教中心、湿地宣教长廊、湿地文化长廊、标牌系统和解说系统的建设，建立完善的湿地科普宣教设施体系，提高湿地公园的科普宣教能力，把湿地公园打造成为南阳市文化展示的平台、生态文明教育的基地、湿地科普宣教基地和湿地科研培训与对外交流合作的平台。

4. 主要建设内容

该区主要建设内容包括：湿地宣教中心、湿地宣教长廊、湿地文化长廊、科普宣传牌等。

5.1.5.4 **管理服务区**

管理服务区是湿地公园开展管理服务的主要场所，也是湿地公园重要的集散地和对外形象窗口。

1. 范围

该区位于鸭河口水库溢洪道附近，同时包括四个湿地保护管理站，面积为 0.211 km²，占湿地公园总面积的 0.1%。

2. 建设目标

(1)湿地公园的主要集散地。
(2)湿地公园对外的形象窗口。
(3)湿地公园重要的科普宣教点。
(4)生态旅游服务基地。

3. 建设思路

根据保护和管理的需要，以"综合管理、系统保护""以人为本、优质服务"为主题，建立湿地公园完善的保护管理和服务体系，并建设相应的保护管理和服务设施；配置相应的保护、管理设备，为游客提供优质高效的服务，实现良好的管理和服务功能。

4. 主要建设内容

该区主要包括湿地公园的管理、旅游服务机构和设施，主要建设内容包括湿地公园管理处、湿地保护管理站、湿地科研监测中心。

5.2 河南南阳白河国家湿地公园的建设成效

河南南阳白河国家湿地公园 2012 年经国家林业局批准，列入国家湿地公园建设试点，2018 年通过国家林业和草原局验收组验收并授牌，正式成为"国家湿地公园"。湿地公园全面开展各项试点建设以来，湿地资源得到了有效保护和恢复，取得了一定成效，已经成为南阳市重要的生态安全屏障和水禽栖息的乐园。具体情况如下：

（1）编制了相关规划。

在《河南南阳白河国家湿地公园总体规划（2013—2020）》的基础上，一是组织编制了《河南南阳白河国家湿地公园修建性详细规划》，于 2017 年 2 月经南阳市城乡规划委员会 2017 年度第一次主任会议审议通过。二是编制了《河南南阳白河中上游沿线国家储备林建设项目可行性研究报告》，已通过市发改委立项。三是编制了《河南南阳白河国家湿地公园湿地保护与恢复工程建设项目可行性研究报告》《河南南阳白河国家湿地公园科研监测规划》等。

河南南阳白河国家湿地公园修建性详细规划

河南南阳白河国家湿地公园国家储备林基地建设项目可行性研究报告

（2）开展了划界确权工作。

2016 年，成立白河中游段划界确权分指挥部，由南阳市水利局牵头，全面启动了划界确权工作。2016 年 12 月，市政府对白河中游段划界确权补偿工作提出明确要求。目前，完成了划界确权地籍资料收集整编工作，基本划定了湿地公园界线。

河南南阳白河国家湿地公园边界范围图

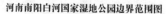

河南南阳白河国家湿地公园边界范围图及公告

（3）制定了湿地公园保护管理办法。

根据有关规定，结合南阳市实际，起草了《河南南阳白河国家湿地公园保护管理办法（草案）》征求意见稿，并多次召开座谈会征求意见进行修改，最终形成了《河南南阳白河国家湿地公园保护管理办法（草稿）》上报市政府法制办。2018 年 3 月 27日，经南阳市政府第 65 次常务会议审议通过并发布实施。

《河南南阳白河国家湿地公园保护管理办法》红头文件

《河南南阳白河国家湿地公园保护管理办法》宣传版面

（4）扎实开展湿地公园建设。

2014～2020 年，先后争取中央、省、市财政资金 1200 余万元，沿白河湿地公园边界埋设界碑、界桩、功能分区牌；购置一批监测监控设施、设备；建设了湿地宣教中心、访客中心、自然商店；维护巡护道路 5 km、建设巡护步道 4 km；实施了一定规模的湿地生态修复工作，在鸭河水库下游焦枝铁路以上至水库溢洪道以下河道两侧的巡护道路、河湾静水区和洲滩地段栽植柳树、女贞树、红叶石楠球、花叶芦竹、芦苇、香蒲、水葱等，在卧龙区泗水河、丁家坟及南召县黄鸭河汇入白河交汇区域开展退化湿地恢复项目，共栽植水生植物 0.07 km^2，抚育水禽栖息地 0.03 km^2；打造了以湿地自然景观为主的专题园 50 亩，建设 1 套无塔供水系统、看护房（防腐木结构）及其配套设施；建立了资料档案室等。

湿地公园界桩

湿地公园功能分区牌

无线监测监控设施

湿地宣传教育馆

湿地生态修复效果

湿地生态专题园局部景观

湿地生态专题园鸟瞰

（5）加强了湿地资源管理。

一是加强管理站基础设施建设。建立南召县、方城县、莲花温泉、鸭河口水库大坝等4处湿地保护管理站，按照属地管理的原则加强湿地资源的管护。二是建立湿地巡护队伍。在南召县、方城县建立了两支巡护队伍，实现了湿地公园范围内5县（区）均有巡护人员巡护管理。三是加强业务培训。在方城县组织召开了由沿线5县（区）林业部门分管领导、保护站负责人及巡护人员共60余人参加的白河湿地巡护管理培训会，邀请专家讲授植物及鸟类知识、巡护管理制度等，提高巡护人员水平。四是规范管理。制定白河国家湿地公园巡护管理制度，巡护人员按照划定的路线定期进行巡护，建立巡护微信工作群，规范填写巡护记录。五是购买巡护电瓶车、巡护工具、监测监控设备等，提高巡护监测能力。购置四轮巡护电瓶车6辆、二轮巡护电瓶车10辆，巡护皮划艇3艘，以及垃圾清理车等巡护设备，基本满足保护资源需要。

湿地生态专题园管护房

鸭河口水库大坝管理站（湿地学校）

巡护员对湿地公园进行巡护

巡护车辆进行湿地巡护

（6）开展了湿地监测。

在湿地公园莲花温泉科普宣教区安装无线监控摄像头 26 个，可监控范围达 6 km²，实现了通过手机及电脑终端实时对区域进行智能化监控，以加强湿地资源的保护。与南阳师范学院合作，连续开展湿地生物多样性、植物、鸟类、水质等动态变化情况监测，加强对珍稀鸟类、濒危植物资源的定期监测及保护。首次在莲花温泉区域监测到国家一级保护鸟类青头潜鸭。

与南阳师范学院合作开展湿地监测（一）

与南阳师范学院合作开展湿地监测（二）

国家一级保护鸟类青头潜鸭

报道首次在湿地公园监测到国家一级保护鸟类青头潜鸭

　　(7)营造了浓重的科普宣教氛围。

　　一是组织开展了"美在白河湿地"生态文明摄影活动,与南阳师范学院共同组织开展了大学生进湿地活动,被南阳市科协授予"南阳市科普教育基地",被南阳师范学院命名为"大学生科普宣教基地"。二是完成了湿地公园网站及微信公众号的建设工作,完成了湿地公园 LOGO 征集评选工作,设计编写 4 本湿地大众教材、5 本湿地公园解说手册等系列科普教材。三是安装各类宣传牌、导览牌、介绍牌、警示牌、知识牌、标识牌、宣传长廊牌等,刷写墙体宣传标语,印制宣传册、宣传页;制作流动湿地学校展板。四是通过历年的"世界湿地日""野生动植物日""爱鸟周",开展经常性、规范性的科普宣教活动。五是在南阳林业网、湿地公园网及《南都晨报》《南阳日报》等重要新闻媒介上,及时发布湿地公园建设重要信息,宣传湿地保护知识。

大学生进湿地活动（一）

大学生进湿地活动（二）

4 本湿地大众教材

5 本湿地公园解说手册

湿地公园 LOGO

湿地公园景石标志

湿地公园宣传牌

湿地文化知识牌

湿地宣传教育长廊

湿地墙体宣传标语

组织开展"世界湿地日"宣传活动

开展爱鸟周活动

开展野生动物保护宣传月活动

（8）开展打击破坏湿地资源联合执法活动。

通过开展"保护母亲河行动"，组织公安、水利等部门，对非法采砂、非法捕鱼、非法养殖等进行全面取缔，对私搭乱建、私建养殖场等进行拆除，对挖沙船、游船、捕鱼船、捕鱼网、捕鸟网、垃圾等进行清理。开展非法采砂集中整治行动，全面遏制非法采砂。同时与鸭河工区、森林公安局联合开展执法整治，严厉打击涉库违法养殖、违法搭建、非法排污、非法经营等破坏湿地资源的违法行为，查处采砂、围垦湿地、非法捕鸟、捕鱼、采挖湿地植物、乱搭乱建、倾倒垃圾等违法行为，有效地保护了湿地资源和湿地生态系统，湿地公园生态环境得到全面改善、稳步好转。

与公安部门共同开展联合执法

与水利部门共同开展联合执法

5.3　河南南阳白河国家湿地公园社区的基本情况

河南南阳白河国家湿地公园周边社区包括城乡一体化示范区、鸭河工区。以下为2018年湿地公园周边社区的基本情况。

5.3.1　城乡一体化示范区

城乡一体化示范区位于白河上游段，包含英北村、新店村、熊营村、竹园寺村、周徐营村和大占头村。

（1）城乡一体化示范区土地总面积为16303亩。其中，英北村1820亩，新店村2539亩，熊营村3574亩，竹园寺村3961亩，周徐营村2523亩，大占头村1886亩。

（2）城乡一体化示范区共有常住居民20382人、4936户。其中，英北村3238人、815户，新店村3959人、959户，熊营村3622人、821户，竹园寺村4677人、1148户，周徐营村3094人、745户，大占头村1792人、448户。

（3）全区耕地面积达9050亩。其中英北村1087亩，新店村1396亩，熊营村1965亩，竹园寺村2178亩，周徐营村1387亩，大占头村1037亩。

5.3.2　鸭河工区

鸭河工区位于鸭河口水库周边区域，包含孟山村、湖滨村、高嘴坡村、大辛庄村、朱庵村、鸭河口村、沽沱村、尹店村、槐树底村、张井村和逯家庄村。

（1）鸭河工区土地总面积为 72666 亩。其中孟山村 3710 亩，湖滨村 1427 亩，高嘴坡村 5238 亩，大辛庄村 26100 亩，朱庵村 24000 亩，鸭河口村 3300 亩，沽沱村 1432 亩，尹店村 2594 亩，槐树底村 2250 亩，张井村 1265 亩，逯家庄村 1350 亩。

（2）鸭河工区常住人口共有 24902 人、6408 户。其中，孟山村 2682 人、669 户，湖滨村 1623 人、368 户，高嘴坡村 2537 人、684 户，大辛庄村 2050 人、483 户，朱庵村 1850 人、380 户，鸭河口村 4890 人、1330 户，沽沱村 1617 人、410 户，尹店村 2387 人、641 户，槐树底村 2162 人、621 户，张井村 1657 人、421 户，逯家庄村 1447 人、401 户。

（3）鸭河工区耕地总面积为 17532 亩。其中，孟山村 2056 亩，湖滨村 522 亩，高嘴坡村 2850 亩，大辛庄村 2000 亩，朱庵村 2000 亩，鸭河口村 1970 亩，沽沱村 950 亩，尹店村 1664 亩，槐树底村 1750 亩，张井村 845 亩，逯家庄村 925 亩。

5.4　河南南阳白河国家湿地公园社区的类型划分

河南南阳白河国家湿地公园的社区可划分为三种类型，分别为：经济状况差的社区、经济状况中等水平的社区和经济状况比较好的社区。

（1）经济状况差的社区：

①收入低；

②文化程度低；

③劳动力少；

④交通不便；

⑤人均耕地面积少。

（2）经济状况中等水平的社区：

①收入属于中等水平；

②自然资源利用不够充分；

③自然环境没有得到较好改善；

④经济结构单一；

⑤外出务工人员多，但技能不高，收入偏低。

（3）经济状况较比较好的社区：

①收入比较高；

②交通方便（政府支持），其他基础设施比较齐全；

③区域位置好，信息来源方便；

④多种经营面宽，经济林多；

⑤自然资源优势，有矿、水电、土地等资源。

5.5 河南南阳白河国家湿地公园的不同典型社区调查

5.5.1 孟山村

基本情况：位于鸭河口水库的西南部，地处湿地公园上游部分。土地面积3710亩，共有常住人口2682人、669户。

交通状况：孟山村地处南召县偏远地区，交通条件较差，通村公路等级较低，村内还有多处未硬质的公路。

主要问题：

(1)土地立地条件不佳，主要种植花生，且产量不高，产业模式单一。

(2)林地条件一般，乔木林稀疏，地表多裸露，水源涵养较差，易水土流失。

(3)村内马沟小组存在养猪现象，且养猪场距水库位置不远，存在养殖污染和生活污染。

(4)常住村民文化程度不高，且多为老人、小孩。三年级以上的小孩需前往镇小学上课，宣教工作较难执行。

(5)私人直接截流水体进行养鱼，造成养殖污染。

(6)地处偏远地区，监管工作难以到位。

5.5.2 湖滨村

基本情况：位于鸭河口水库南面，地处水库中上游，靠水岸较近。土地总面积1427亩，共有常住人口1623人、368户。社区内居民房前屋后种有景观树，房屋状况良好。村内建有苗圃。

交通状况：该社区位于公路边上，交通较为便利，基本是宽4 m以上硬质水泥路为主。距鸭河口村9 km。

主要问题：

(1)农作物以花生为主，品种单一。

(2)距离水岸较近，人为活动较多，可能存在生活垃圾。

(3)水岸边土地多裸露，水源涵养差，易造成水土流失。

(4)存在生活污水排放现象，附近水体富营养化。

湖滨村鸟瞰

5.5.3 鸭河口村

基本情况：鸭河口村位于鸭河口水库的大坝处，地处白河的上游部分，位置距离水库比较近。土地总面积 3300 亩，共有常住人口 4890 人、1330 户。道路边上村民们自家开的店面较多，农家院式餐馆开设在社区内，有些离水岸较近。该村经济条件较优，从事服务业人员达 150 余人，且河畔建有联排别墅。该村立地条件较好，大面积种植玉米、花生等农作物。在湿地公园内有征占用林地私建鱼塘的情况，且没有获得审批。

交通状况：社区交通十分便利，省道 S231 道路贯穿村庄，基础设施建设较为完善。

存在问题：

(1)由于省道 S231 道路贯穿村庄，车流量较大，且卡车较多，导致路面有所损坏，道路两边尘土飞扬。

(2)鸭河大桥桥头下有人为自建的土坎，用于钓鱼，导致水体不流通，造成水体发臭。

(3)水岸边的居民较多，部分生活垃圾肆意倾倒，离水岸不足 10 m，且有生活污水直排现象，造成水岸边水域的水体富营养化。

5.5.4 张井村

基本情况：张井村地处白河上游段，土地总面积达 1265 亩，常住人口 1657 人、421 户。社区居民房屋设施较好，社区内道路两侧皆种有绿篱，村庄面貌较好。房屋外墙空白较多，可做社区共管宣传标语。张井村立地条件较好，农业种植规模大，发展综合种植业潜力大。社区内旅游资源开发潜力大，且有莲花温泉，每年吸引大量游客前来休闲度假。第三产业年产值明显高于第一、第二产业年产值，适合旅游产业的发展。

交通状况：社区内交通便利，基本为硬质水泥路面，社区内部道路四通八达，皆为水泥路面。

存在问题：

（1）莲花温泉处于白河畔，规模大，游客承载量高，渐渐成为张井村最大的污染源。

（2）社区内沿河段人为活动较多，对沿河水域造成了一定的污染，部分段出现水体富营养化。

（3）村民受教育程度低，外出务工人员比重大，占全村人口的27%。

5.6 公众湿地认识及保护意识问卷调查

5.6.1 调查概况

湿地公园社区共管研究项目组组织人员于2018年5月、2018年10月、2019年5月、2019年10月、2020年5月和2020年10月连续三年对湿地公园周边社区内的居民进行多次随机抽样调查。

5.6.2 问卷调查背景

在河南南阳白河国家湿地公园积极建设的同时，对湿地周边的社区居民进行公众湿地认识及保护意识问卷调查，真实地反映湿地公园周边居民对湿地保护的认识和了解程度及参加共管的意愿。

5.6.3 进行问卷调查的目的

全面了解公众对湿地的认识及保护意识。

5.6.4 调查方式

本次问卷调查面向河南南阳白河国家湿地公园周边社区居民，共调查6次，每次发放问卷100份，共回收问卷共540份，回收率达90%。

5.6.5 调研结果分析

（1）在参加此次调查问卷的人员中，年龄在 50 岁以上的占到了 34%，31~50 岁的占 36%，21~30 岁的占 22%，20 岁以下的只占到了 8%。可见当地社区居民年龄普遍偏大。

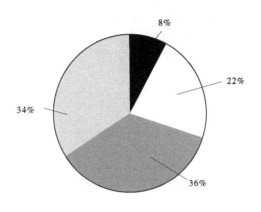

■20岁以下　□ 21~30岁　■ 31~50岁　■ 50岁以上

参与调查的居民年龄分布

（2）被调查者职业农民占 37%，政府工作人员占 9%，企事业单位工作人员占 8%，服务业务人员占 17%，个体户占 29%。说明当地在家务农的居民较多。

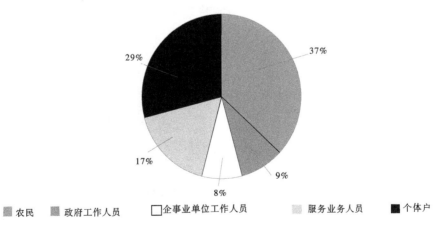

■农民　■ 政府工作人员　□企事业单位工作人员　■ 服务业务人员　■ 个体户

参与调查的居民职业情况

（3）调查结果显示，对湿地非常了解的居民占 17%，对湿地了解一点的居民占 68%，对湿地不了解的居民占 15%。上述数据说明在河南南阳白河国家湿地公园周边的社区居民对湿地的了解程度较好，有利于社区共管工作的展开。

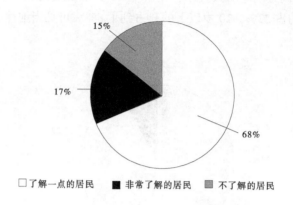

□ 了解一点的居民　　■ 非常了解的居民　　■ 不了解的居民

社区居民对湿地的了解程度

（4）调查结果显示，社区居民希望湿地公园提供新的旅游项目的占 19%，希望湿地公园增加宣传教育设施的占 33%，希望湿地公园能提供与湿地相关的小礼品的占 12%，希望湿地公园提供参与湿地保护机会的占 36%。上述数据表明社区居民希望能够积极参与到湿地公园管理中，并希望了解更多的湿地知识。

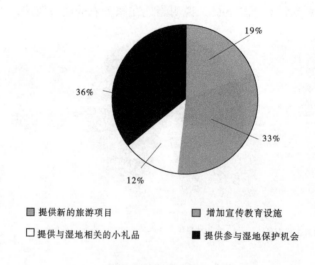

■ 提供新的旅游项目　　　　　　■ 增加宣传教育设施
□ 提供与湿地相关的小礼品　　　■ 提供参与湿地保护机会

社区居民希望湿地提供服务

（5）调查结果显示，居民认为危害湿地的行为有污水排放、围垦、农药化肥使用、过度捕捞、捕捉水鸟和捡拾鸟蛋、人工养殖等。社区居民保护湿地意识较高的占73%，意识一般的占19%，意识差的占8%。上述数据显示社区居民对保护湿地的意识较高，能促进湿地公园保护和恢复工作的有序进行。

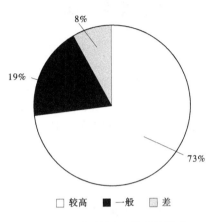

社区居民保护湿地的意识程度

第6章　河南南阳白河国家湿地公园社区共管计划

坚持"以湿地保护为目的，以发展为手段，通过发展促进湿地保护"的指导思想，在做好湿地公园管理的同时，解决好湿地公园保护与周边社区经济发展的矛盾，吸收社区居民参与湿地公园的保护工作，有计划、有目的地扶持社区的经济发展，使湿地公园和周边社区共同发展。

6.1　社区协调与发展总则

6.1.1　社区可持续发展的特征

从生态经济学角度分析，湿地公园社区可持续发展经营管理模式应具有以下特征：

(1)生物多样性保护的有效性。

生物多样性包括物种多样性、遗传多样性和生态系统多样性。在可持续发展经营管理模式的指导下，湿地公园对生物多样性的保护采取了一系列的管理措施，如湿地巡护、湿地监测、水质监测、水禽数量监测、严惩犯罪、广泛宣传、科学研究等，从而使湿地公园生态系统得到有效保护。表现为乱采乱挖野生植物和乱捕乱猎野生动物现象得到有效控制、遭受破坏的湿地自然景观得到恢复、湿地生态系统稳定发展及珍稀濒危物种的数量有所增长等生态经济特征。

(2)生态环境建设的和谐性。

为了提高湿地公园的自身发展能力，解决湿地公园周边分布社区的经济困难，湿地公园在加强湿地保护的同时，要积极拓宽经济发展路子，尤其是非破坏性的湿地生态旅游和旅游商品开发等产业。建立完整的湿地环境开发技术机制，对湿地公园的开发工程进行环境影响评价、可行性研究和预警分析。

(3)自然资源利用的永续性。

可持续发展经营管理模式下的湿地公园对蕴藏在湿地公园内的自然资源采取合理利用和开发的原则。主要利用区内的湿地资源，特别是可更新的相对环境影响较小的湿地资源，比如白河湿地的生物资源、水利资源、气候资源和景观资源等。并且做到合理规划、统筹管理，使可更新资源的生长量大于开发量，保持自然资源的永续利用和生态系统的持续稳定。

(4)社区经济发展的高效性。

对于具有可持续发展经营管理模式的湿地公园来说，经济发展的高效性具体体现在社会经济的发展达到较高的生态经济效益和发展速度，即人均收入大幅度增加、商品生产高效稳定、社区经济实力增强、人口素质显著提高等。

6.1.2　原则

(1)遵循自然生态原理和农村经济原理，充分利用大自然的空间、时序和有限的土地、劳动力资源，其建设与发展不得破坏生态环境。

(2)各建设项目安排在公园合理利用区或周边地区。

(3)项目开展有利于引导农民的参与和脱贫致富，保护与发展的有机结合，达到人与自然的和谐生存。

(4)有利于安定团结和经济发展，兼顾双方利益，优势互补的原则。

(5)发展项目要重视和尊重当地传统文化，发展既有利于资源的保护与恢复，又符合社区发展需要和国家与区域产业政策。

6.1.3　目标

湿地公园与周边社区群众建立伙伴关系，协调人民群众生产和生活与湿地保护的关系，扶持社区发展经济和公益事业。社区主动参与湿地公园管理和湿地合理利用，达到人与自然和谐的生态开发、立体开发的多层利用目的，实现保护、恢复、利用、提高相结合，生产、环境、就业均衡，并达到最佳化。

6.1.4　措施

(1)通过提供相关技术、信息和服务，对社区进行援助式的帮助，引导社区开展湿地生态旅游，拓宽就业门路。

(2)河南南阳白河国家湿地公园管理处下设资源管理科，负责社区的组织协调工作。与社区共同组建"河南南阳白河国家湿地公园社区共建共管委员会"，取得地方政府和社团法人的支持，发动全社会力量开展湿地保护事业。

(3)通过协议合作，明确利益关系，吸收更广泛的社区居民参与湿地公园的建设与管理。包括对社区部分群众进行上岗培训，纳入湿地公园导游队伍中；另外将部分村民聘请为保安、保洁、协调员等，提高湿地公园的管理能力。

(4)广开渠道，建立适当的补偿政策制度和社区发展基金，尽可能地为社区居民提供优惠信贷和资金扶持。

（5）利用国家重视湿地保护的有利时机，通过法律和行政的手段积极参与地方事务管理，争取有关资源保护行政执法部门的支持，加大执法力度。

（6）市和县级人民政府及有关部门应结合湿地公园规划建设，针对湿地公园周边的生态保护、景观协调、环境治理，特别是针对农村分散住户的生活垃圾及污水处理等问题，配套制订相应的规划、措施，确保湿地公园规划内容的有效实施。

6.2　四个典型社区的协调发展对策

湿地公园在我国已经由快速发展阶段向规范发展阶段转变。在湿地公园规范发展阶段，规范其建设行为、保证其建设成效和保障其健康持续发展，成了重中之重的任务。然而，湿地公园不是孤立存在于自然界中的，而是存在于不同等级和尺度的自然—社会—经济复合系统中，且与系统中的其他要素或子系统发生着密切的联系和关联。湿地公园与周边社区的关系就是这种复合系统的典型代表。为了保障湿地公园健康持续的发展，必须在流域层面这个大系统中理清湿地公园子系统与周边社区子系统之间的相互关系，诊断其存在的主要问题，对症下药地提出相应的对策和措施，实现湿地公园子系统与周边社区子系统在物质循环、能量流通、信息传递的顺畅，从而实现湿地公园与周边社区的协同演替和协调发展。

6.2.1　湿地公园与孟山村的协调发展对策

（1）加强社区环境整治，开展村庄修缮，积极发展乡村生态旅游。对现有的村庄环境进行综合整治，进行美化、绿化和亮化改造。对房屋按照地方建筑风格进行修缮，实现村落建筑美化；利用乡土植物进行绿化，通过美化和绿化进行村庄的亮化。湿地公园是该社区重要的直接经济来源之一，社区经济对湿地公园有较强的依赖性，社区通过在湿地公园水体养殖、捕捞获得一定的收益。但是，该社区也是湿地公园重要的可借景观，在开展生态观光、乡村休闲、民俗文化体验等方面可发挥重要作用。同时，该社区是湿地公园开展候鸟保护、水质保护、湿地保护宣教的重要场所。该社区不仅可以作为湿地公园重要的可借景观，也可以为湿地公园开展文化展示、科普宣教和生态旅游提供场所和平台。

（2）加强培训，提高社区居民的技能。加强生产经营管理理念和生产技术技能的培训，把一些先进的生产经营和管理理念、思路引进给社区群众，用比较先进的理念、思路来武装社区群众，同时传授一些先进的、实用的和具体的生产技能；加强旅游技能培训，主要进行一些必要的生态旅游培训，以创造良好的旅游环境和形成可持续发展的旅游产业，同时加强生态环境保护培训，重点加强生态公益林保护、湿地保护、生物多样性保护等方面的技能培训。

(3)加强科普宣教。加强环境保护的教育培训，主要对社区群众开展湿地保护培训，以提高群众的保护思想觉悟，自发地参与到湿地保护当中；加强科普宣教标识、标牌系统和旅游牌示系统的建设，建立完善的科普宣教解说和展示系统，全方位、多角度、多媒介地向大众开展科普宣教。

(4)增强水库岸边的植被丰富度，加强水库岸边的水土涵养能力，避免造成水土流失。水库岸边丰富的植被层次可成为一道亮丽的风景线，全方位打造立体的湿地景观。

6.2.2　湿地公园与湖滨村的协调发展对策

(1)积极开展荒山荒地造林绿化和低质低效林改造，提高区域水源涵养能力，保障湿地公园上游生态屏障安全。

(2)拓展社区的群众就业渠道，提高其生活水平。通过"公园 + 公司 + 村民"合作的模式，积极开展乡村旅游，村民从旅游发展收益中分成；吸纳部分村民到乡村生态旅游服务队伍中，成为乡村旅游的导游、导购、表演者或项目管理者；也可以吸纳部分村民到湿地公园的巡护保护队伍体系中，例如，聘请部分村民为生态公益林护林员、湿地公园巡护员、宣教员、科研监测协助员等。

(3)发挥当地社区自身优势，在现有的景观苗木种植基础上，协调发展，科学引进更丰富的景观苗木资源，可在湿地公园上游打造一块小型的植物园，从而丰富当地的旅游资源结构。

(4)湖滨村水资源丰富，可进行科学的渔业养殖，聘请专业的技术人员进行科学养殖指导。配备巡护员，对养殖范围内的非法养殖情况进行监督，提倡科学合法的养殖，打击非法养殖。

6.2.3　湿地公园与鸭河口村的协调发展对策

(1)加强乡村生态旅游服务设施建设。根据标准化乡村生态旅游村的标准，完善"吃、住、行、游、购、娱"6 个方面的服务设施，为大众提供真正的乡村旅游服务；挖掘文化，打造景点，策划旅游项目。充分利用社区的自然条件，以地域文化为内涵，因地制宜地打造和塑造不同的景点，同时策划满足不同年龄、不同需求、不同层次的旅游活动和项目。

(2)鸭河口村旅游产业基础较好，每年的旅游产业收入远高于其他社区。在保持旅游产业协调发展的同时，积极对从事旅游产业的工作人员进行培训，使工作人员成为鸭河口村文化、白河湿地文化的传播者。

(3)鸭河口村位于省道 S231 旁，交通便利，来往的车辆行人较多，适合湿地宣教工作的开展。可在鸭河大桥两旁，社区居民房屋外墙开展宣教工作。并聘请专门的工作人员，宣传湿地文化和生态文明建设，以及治理河岸的污染情况。

6.2.4　湿地公园与张井村的协调发展对策

（1）针对莲花温泉这种大容量的旅游产业制定科学完善的污染物排放标准和规范。对河岸沿线进行按时巡护，禁止污染物流入白河湿地。

（2）丰富白河两岸的植物层次，打造立体的景观效果，吸纳更多的游客前来体验，做到保护和发展相协调。

（3）张井村外出务工人员比重较大，社区应提供更多的就业岗位，比如对社区居民进行农、林、牧、渔、副业的技术培训，居民在得到技术和资金扶持的同时，环保意识也得到相应的提高。有了发展，就能将一大批外出务工人员吸纳回来，百姓安居乐业，湿地健康发展。

以生态旅游为主题进行宣教，加强科普宣教标识、标牌系统建设，以生态绿展示和湿地保护为主，分段设置不同形式、不同主题、不同材质的科普宣教牌展示系统；建立该区域完善的科普宣教解说和展示系统，全方位、多角度、多媒介地向大众开展科普宣教。

6.3　社区协调行动

6.3.1　建立社区服务机制，建立社区共管委员会

行动内容：

（1）社区服务机制。利用湿地公园的科技优势，开展科技咨询、送技术到村到户等技术服务活动，提高村民的生产技能，并根据本地资源特点，指导和帮助当地村民发展湿地种植业和养殖业、绿色生态食品工业。尽量吸收当地村民参与湿地公园的旅游开发经营与湿地保护管理，以解决农村剩余劳力的就业问题，增加当地村民收入，带动周边经济的发展。

（2）建立社区共管委员会。吸收与白河湿地保护目标相关的利益相关群体进入，建立社区共管委员会，协调湿地公园与周边社区及其他共同利益者之间的关系，以保证共管措施的有效实施。

实施单位：湿地公园管理处。

6.3.2　示范自然村优先成立湿地保护协调委员会

行动内容：为探索实施社区共管的最佳途径，选择一个自然村作为实施社区共管的示范单位，首先向示范单位阐明共管的概念、责任和利益，在此基础上通过社区共管示范建设，积累经验，并推广到整个社区，使湿地公园的建设与社区经济发展达到和谐统一。

实施单位：湿地公园管理处、温泉社区。

6.3.3　制定社区参与保护的激励机制

　　行动内容：为有效保护湿地公园内的湿地资源，同时，使湿地公园内社区的经济得到发展，保证社区内各村组湿地管理计划的正确实施，需与社区内各村组签署合同文本，以此规范他们对湿地资源的保护和合理利用，同时建立湿地保护的激励机制，嘉奖保护有功人员。由社区共管委员会草拟合同文本，共同商定奖励办法，确定需签订合同的内容，提交社区共管委员会审批，然后签署合同。

　　考虑温泉的实际情况，计划在温泉社区实施旅游提升项目。具体项目包括：湿地公园大型导览图、柳文化和野大豆知识牌、黑松文化、温泉文化、红色文化（红色收藏馆）、自然商店、莲花温泉管理站、科普宣教馆、访客中心、水资源与水文化主题宣传长廊、湿地日宣传长廊、湿地生物文化知识长廊等，以实现社区与湿地公园的互惠互利。

　　湿地公园的自然教育是湿地公园宣传教育体系中的重要组成部分，自然教育的重点目标是认知自然，了解自然。在自然教育体系中，设计自然商店，直销自然生态产品，在直销过程中，通过解说，使购买者在购买、使用自然生态产品的过程中增加自然知识。在湿地公园温泉社区建设自然商店，直销湿地生态系统的生态产品，能够起到很好的宣传教育作用。自然商店销售的产品主要是湿地公园内的鱼类等水产品、湿地公园周边的森林产品、湿地公园周边的农产品、湿地公园社区农民自己生产和加工的产品。自然商店管理采取承包特别许可经营。

　　按照湿地公园的总体规划要求，河南南阳白河国家湿地公园的室内宣传教育设施是必需的基础设施。依据湿地公园的实际情况，在温泉社区建设湿地宣传教育馆。湿地宣传教育馆通过视觉、听觉、触觉全方位地调动人们的感官，运用布展色彩、灯光营造浓厚的学习氛围，拉近与人们的距离，从而激发人们对湿地公园的保护热情和建设积极性，提高对湿地生态保护的认同感和自觉性，真正起到有效的宣传教育，使之成为集展示、宣传、教育、科研于一体的重要湿地科普宣教基地和生态文明教育基地。

湿地宣传教育馆

莲花温泉管理站

红色收藏馆

实施单位：湿地公园管理处、温泉社区。

6.3.4　编制社区资源管理计划

行动内容：通过社区共管委员会成员参与示范单位的"参与性评估"调查，综合分析调查结果和广泛征求社区共管委员会成员的意见，由湿地公园具体编制社区资源管理计划，确定湿地公园的管理方式和经济发展项目，提出解决保护和利用间矛盾的方案。计划实施编制《温泉社区旅游发展——建立温泉湿地社区公园方案》。

实施单位：湿地公园管理处、温泉社区。

6.4　社区可持续发展行动

基于湿地公园周边地区基础薄、起点低，各地发展不平衡的特点，根据区域比较优势，构建符合本区域特点的产业体系群。选择产业关联度大、带动力强的旅游业作为先导产业，选择发展后劲大、综合效益高的服务业作为支柱产业，利用"增长点""发展极"效应，带动和影响其他产业的发展，形成以保护湿地环境为前提，以生态旅游和服务业为重点，带动加工业，促进农业、林业、牧业的发展，形成种、养、服务等相结合的具有较强生命力的产业体系群。

6.4.1　鼓励社区发展生态农业

行动内容：湿地公园周边社区以农业为主，而且产业化程度低，因此，有必要根据区域优势，进行产业结构调整，将第一产业逐步缩小，相对稳定第二产业，扩大第三产业。形成以湿地保护为前提，以湿地生态旅游、服务业为主导，加工业为支柱，带动周边社区农业共同发展的产业结构模式，通过优化结构效益，彻底改变周边社区居民长期依靠消耗湿地资源、破坏湿地环境为代价获取经济收入的状况，更好地促进湿地保护事业的发展。

湿地公园内环湖耕地保持原有性质不变，通过全面实施标准化和无公害化有机生态农业，逐步缩小靠使用大量农药化肥提高产量的传统农业种植模式，转而采取集约经营方式，发展优质高效农业、循环农业、环保农业、低碳农业。组织开展农事旅游活动，选择特色村庄1~2个，建设特色化民居，配套酒店化硬件设施及环境整治。

实施单位：沿线各乡镇、湿地公园管理处。

6.4.2　帮助社区搞好环境卫生和基础设施建设

行动内容：从技术和资金上扶持社区居民发展循环农业，鼓励和引导农民使用沼气池，帮助改善农村生态环境，促进社区可持续发展。严格控制湿地公园两侧地区生产、生活排污，社区工业、农业等生产项目及村镇建设的规划，要与湿地保护规划或湿地公园规划内容相衔接。积极争取项目资金支持，加强社区基础设施建设，切实改善社区的生产、生活条件。

实施单位：鸭河工区乡村振兴服务中心、湿地公园管理处。

6.4.3　推广社区共管宣传教育

湿地公园应积极利用"湿地日""爱鸟周""野生动物宣传月"等开展广泛而深入的宣传工作，利用新闻媒体、广播、墙报、印制宣传资料等形式进行湿地保护的宣传，充分发挥社区群众在自然资源保护中的积极作用，使自然保护意识深入人心，积极加入到自然保护行列中。

实施单位：湿地公园管理处。

6.4.4　促进社区参与保护

为了提高社区参与湿地公园管理的积极性，增加农户收入，在日常工作中，要组织和吸纳居民参与到湿地公园的基本建设和保护管理工作中，特别要重视妇女、贫困人口等弱势群体对社区共管的认识和参与，同时选取熟悉湿地公园地形、在当地具有较大影响力的社区群众，对他们进行湿地保护相关知识培训，使他们投入到湿地公园的日常巡护、政策宣传等管护工作中。湿地公园要充分利用区域生态资源，争取各类支持社区可持续发展的项目，进行环境保护和湿地保护的教育培训、生产经营、管理培训、生产技术、技能培训等，提高群众的劳动技能水平，提升群众的自我发展能力，减少群众对湿地资源的依赖和破坏，逐步实现资源的可持续利用。

实施单位：湿地公园管理处，沿线各乡镇。

6.5　社区共管村规民约

为了更好地减少湿地公园面源、点源污染源，保护好湿地公园内的良好生态系统，更好地改善湿地公园周边社区的环境卫生面貌，提高社区群众的生活质量和健康水平，进一步完善公园与社区共建共管机制，管理处计划与湿地公园所涉及的乡镇村委会和周边乡镇村委会共同制定"国家湿地公园周边社区村规民约"。制定并颁布村规民约，有利于减少湿地公园污染源，提高公园周边社区群众对湿地的保护意识，密切公园日常保护管理与社区共建共管的关系。

周湾村村规民约

河南南阳白河国家湿地公园村规民约（式样）

为了改善我村的湿地资源与环境面貌，建设我们共同的美丽家园，使大家拥有一个清洁、优美的居住环境，经村民委员会研究和村民代表讨论通过，我们特制定以下规约：

(1) 每个村民都有保护湿地和环境的义务，有对污染和破坏湿地和环境的家庭和个人进行检举的权利。

(2) 每个村民要重视湿地和环境保护工作，要积极关心、支持和参与湿地保护工作，自觉提高环保意识，自觉遵守有关环境保护的法律法规，遵守社会公德。

(3) 尽量不使用塑料袋，每户村民的生活垃圾要自觉放入垃圾桶，禁止随意倾倒垃圾。

(4) 实行清洁种植，大力发展生态农业，科学使用化肥、化学农药等；有效控制化肥、农药的使用量。

(5) 实行清洁养殖，做到人畜分离、不得散养禽畜，并自觉做好家畜的卫生防疫工作，发展生态养殖，尽量减少养殖排泄物对环境的污染。

(6) 禁止在公园和湖泊、溪流里用农药或其他药品毒鱼；禁止用炸药炸鱼；禁止电鱼；禁止在湖泊、溪流里洗毒性较大的农药瓶。废弃的农药瓶要集中处理，不得随意丢弃。

(7) 禁止村民捕猎国家和省级保护动物，如有发现应及时报告。

(8) 禁止随意开荒、破坏湿地的一切行为。

(9) 各位村民要积极配合，为营造美丽家园而共同努力。

6.6　社区共管联系员制度

为了更好地保护湿地公园的自然资源与保护对象，进一步完善公园与社区共建共管机制，管理处计划与湿地公园所涉及的乡镇村委会和周边乡镇村委会建立"国家湿地公园周边社区共管联系员制度。"

每个村聘请一名共管联系员，与共管联系员签订共管联系员合同，明确责任与权益。

河南南阳白河国家湿地公园社区共管联系员制度

(1)社区共管联系员工作职责：

①具体承办本社区湿地公园关于湿地保护的日常工作。

②负责监督社区共管村规民约的执行情况。

③负责监督本社区与湿地保护相关异常情况的报告。

(2)社区共管联系员管理：

①湿地公园管理处与社区共管联系员签订共管联系员合同。

②正常情况每月报告一次，特殊情况随时报告，湿地公园管理局明确一名报告联系人和报告联系方式。

③聘用共管联系员的每年补助不低于地方一个月的最低工资标准。

④对共管联系员进行政策与业务培训。

⑤建立共管联系员台账。主要包括共管联系员人员基本情况信息卡（库）、每个共管联系员的情况报告等。

参 考 文 献

[1] 杨省强. PRA 方法与社区共管 [J]. 中国林业, 1998 (07): 40-41.

[2] 张家胜. 社区成立共管委员会的尝试 [J]. 林业与社会, 2000 (02): 21-22.

[3] 张小红. 开展社区共管 促进生物多样性保护 [J]. 林业经济, 2000 (04): 29-32.

[4] 张金良, 李焕芳, 黄方国. 社区共管——一种全新的保护区管理模式 [J]. 生物多样性, 2000 (03): 347-350.

[5] 杨加强. 社区共管: 保护区有效管理的途径 [N]. 中国绿色时报, 2000-08-30(004).

[6] 李金华. 保护区可持续发展需加强社区共管 [N]. 中国绿色时报, 2000-11-06(001).

[7] 司开创. 浅谈社区共管中的参与问题 [J]. 林业与社会, 2001 (02): 5.

[8] 晓丁. 社区共管: 破解自然保护区管理难题 [N]. 人民日报, 2002-05-30(006).

[9] 司开创. 社区共管的外部社会环境分析 [J]. 林业与社会, 2002 (03): 13-15.

[10] 顾珠英. 美国的社区共管 [N]. 中国建设报, 2002-10-25.

[11] 张引, 杨锐. 中国自然保护区社区共管现状分析和改革建议 [J]. 园林, 2020, 36 (08): 31-35.

[12] 刘德荣, 石德金. 自然保护区社区共管探析 [J]. 林业经济问题, 2003 (01): 53-55.

[13] 吴璟. 生物多样性保护与社区共管机制的建立 [J]. 林业与社会, 2003 (02): 3-5.

[14] 黄文娟, 杨道德, 张国珍. 我国自然保护区社区共管研究进展 [J]. 湖南林业科技, 2004 (01): 46-48.

[15] 黄文娟. 国家级自然保护区实施社区共管的初步研究 [D]. 长沙: 中南林学院, 2004.

[16] 孙丽, 王升忠. 基于社区共管的向海湿地生态旅游 [J]. 吉林林业科技, 2004 (02): 39-42.

[17] 郝华. 中国自然保护区社区共管法律问题研究 [D]. 武汉: 武汉大学, 2004.

[18] 亦名. 社区共管与野生动物保护 [J]. 森林与人类, 2004 (10): 26-27.

[19] 罗荣淮. 以社区村民为主体的自然资源共管 [J]. 绿色中国, 2004 (10): 27-30.

[20] 姜月平, 筱山, 文杰. 鄱湖湿地推行社区共管 [N]. 江西日报, 2004-12-07.

[21] 陈秀芝, 张海鹏. 发展乡土型产业 推动社区共管持续开展 [J]. 陕西农业科学, 2005 (01): 104-106.

[22] 尚艳春, 张咏梅. 基于社区共管的自然保护区权力机制分配研究 [J]. 甘肃农业, 2006 (08): 135.

[23] 李彧挥, 祝浩. 我国保护区社区共管绩效评估 [J]. 环境保护, 2006 (24): 45-47.

[24] 王建新, 董树文, 张哲邻, 等. 社区联合参与式保护: 一种新型集体林共管模式 [J]. 陕西师范大学学报 (自然科学版), 2006 (S1): 233-237.

[25] 杨乐. 浅谈湿地类型自然保护区的社区共管 [J]. 西藏科技, 2007 (01): 24-25.

[26] 张晓妮, 王忠贤, 李雪. 中国自然保护区社区共管模式的限制因素分析 [J]. 中国农学通报, 2007 (05): 396-399.

[27] 程勤. 社区村民保护生物多样性模式探索——YUEP 项目村民生物多样性保护实践经验分析 [J]. 生态经济, 2007 (05): 147-150.

[28] 张子栋, 王晓光, 邹红菲. 扎龙国家级自然保护区实施社区共管的初步研究 [C] //中国生态学会动物生态专业委员会、中国动物学会兽类学分会、中国野生动物保护协会. 野生动物生态与资源保护第四届全国学术研讨会论文摘要集. 2007: 1.

[29] 王芳, 周庆生, 郑雪莉, 齐杰, 等. 自然保护区社区共管中的冲突及对策浅析 [J]. 安徽农业

科学，2007（24）：7664-7665.

[30] 瞿佳佳，骆高远. 浅析湿地公园的社区参与 [J]. 湿地科学与管理，2007（03）：54-57.

[31] 陈继芳，董伟，麻友俊. 如何选择和确定社区共管项目 [J]. 陕西林业，2007（06）：8-9.

[32] 吴於松. 社区共管："环境保护话语"下的制度创新 [J]. 思想战线，2008（01）：74-78.

[33] 薛美蓉，王芳，郭开怡，等. 社区共管与自然保护区可持续发展 [J]. 农村经济，2008（01）：65-67.

[34] 周平. 森林资源社区共管的社区组织研究 [D]. 兰州：兰州大学，2008.

[35] 黄家飞. 森林资源社区共管制度研究 [D]. 兰州：兰州大学，2008.

[36] 马玉芳，赵卫东，施方勤. 格化箐村社区共管示范项目成效调查研究 [J]. 林业调查规划，2008（02）：34-38.

[37] 韦惠兰，陈俊荣，李微. 自然保护区社区共管的经济学研究 [J]. 软科学，2008（05）：61-64.

[38] 姜玲艳. 浅谈湿地保护中的社区共管模式 [J]. 法制与社会，2008（20）：181.

[39] 刘静，苗鸿，欧阳志云，等. 自然保护区社区管理效果分析 [J]. 生物多样性，2008（04）：389-398.

[40] 蔡昌棠. 自然保护区建设与社区发展关系研究 [D]. 福州：福建农林大学，2008.

[41] 陈海云. 不同类型自然资源社区共管问题研究 [D]. 兰州：兰州大学，2008.

[42] 成文娟，薛达元. 中国自然保护区管理中地方社区的参与 [J]. 中央民族大学学报（自然科学版），2008，17（S1）：111-115.

[43] 蒋勇，张鸿. 东洞庭湖国家级自然保护区与社区共管模式 [J]. 湖南林业科技，2008，35（06）：72-74.

[44] 韦惠兰，何娉，陶红. 森林资源社区共管的经济学分析 [J]. 西北林学院学报，2009，24（01）：212-215.

[45] 肖建华，周训芳. 自然保护区集体土地管理与社区共管契约 [J]. 求索，2009（02）：5-7.

[46] 王索. 自然保护区社区共管绩效评估研究 [D]. 兰州：兰州大学，2009.

[47] 曹爱军. 森林资源参与式社区共管治理模式的构造 [J]. 贵州社会科学，2009（04）：82-86.

[48] 杨烨. 推动社区共管共治 [N]. 人民公安报，2009-04-25（001）.

[49] 雷加雨. 社区共管下保护区发展战略探讨 [J]. 林业经济，2009（06）：65-70.

[50] 马宇，李春宁，吴逊涛，等. 自然保护区社区共管现状及对策 [J]. 陕西林业科技，2009（04）：99-100，103.

[51] 张五钢. 杭州湿地公园的生态文明保护与社区参与 [J]. 重庆科技学院学报（社会科学版），2009（09）：118-119.

[52] 张佩芳，王玉朝，曾健. 自然保护区社区共管模式的可持续性研究 [J]. 云南民族大学学报（哲学社会科学版），2010，27（01）：42-45.

[53] 石道良，张云，郝涛，等. 后河自然保护区实施社区共管的调查与研究 [J]. 湖北林业科技，2010（01）：37-40.

[54] 施德群，黄志远. 生态旅游社区参与模式研究——以东洞庭湖国家湿地公园为例 [J]. 商场现代化，2010（11）：84-85.

[55] 范延勇. 中国（滕州）微山湖湿地公园规划对湿地保护与发展生态旅游的探索 [D]. 济南：山东大学，2010.

[56] 郭红霞. 参与式社区共管地区农户生计结构研究 [D]. 兰州：西北师范大学，2010.

[57] 蒋勇，张鸿. 东洞庭湖国家级自然保护区社区共管模式研究 [C] // 湖南省洞庭湖区域经济社会发展研究会. 2010洞庭湖发展论坛文集. 2010：6.

［58］王昌海，温亚利，胡崇德，等．中国自然保护区与周边社区协调发展研究进展［J］．林业经济问题，2010，30（06）：486-492.

［59］刘一鸣，吴晓东．湛江红树林自然保护区社区共管模式探讨［J］．现代农业科技，2011（04）：228，230.

［60］刘霞，张岩．中国自然保护区社区共管理论研究综述［J］．经济研究导刊，2011（12）：193-195.

［61］孔德平，白晓华，田军，等．湖滨湿地社区共管的初步探索——以滇池外海南部白鱼河口湿地为例［J］．环境科学导刊，2011，30（02）：42-44.

［62］刘霞，张岩．中国自然保护区社区共管研究初探［J］．经济研究导刊，2011（13）：151-152，155.

［63］陈秋红．社区主导型草地共管模式：成效与机制——基于社会资本视角的分析［J］．中国农村经济，2011（05）：61-71.

［64］韦燕青．自然保护区社区共管模式的可持续性研究［J］．中国总会计师，2011（07）：96-97.

［65］唐远雄，李江．社区共管中的农民合作［J］．农村经济，2011（11）：53-57.

［66］刘霞，伍建平，宋维明，等．我国自然保护区社区共管不同利益分享模式比较研究［J］．林业经济，2011（12）：42-47.

［67］唐远雄，罗晓．中国自然资源社区共管的本土化［J］．贵州大学学报（社会科学版），2012，30（02）：97-101.

［68］盖媛瑾．"共生理论"视角下的自然保护区社区共管研究——以贵州雷公山国家级自然保护区为例［J］．贵州师范学院学报，2013，29（01）：20-24.

［69］李文秀．自然保护区参与式管理研究［D］．兰州：兰州大学，2013.

［70］长沙市明德中学开展"校园文化进社区活动"［J］．基础教育参考，2013（14）：80.

［71］周觅．社区共管下自然保护区周边社区农民生计改善研究——以云南纳版河流域国家级自然保护区小糯有上寨为例［J］．湘潭大学学报（哲学社会科学版），2013，37（05）：81-86.

［72］郭莲丽，郭立宏，李建勋．自然保护区社区共管的外部性分析［J］．西安理工大学学报，2013，29（03）：367-372.

［73］梁曾飞．九龙山红树林国家湿地公园人工养殖与社区管理模式［J］．中国林业经济，2014（01）：60-62.

［74］吴伟光，刘强，刘姿含，等．影响周边社区农户对自然保护区建设态度的主要因素分析［J］．浙江农林大学学报，2014，31（01）：97-104.

［75］杨鹏，王金叶，文嘉．基于"社区共管"的湿地旅游可持续发展研究——以桂林会仙湿地为例［J］．旅游研究，2014，6（02）：8-13.

［76］王晓梅．鄱阳湖国家湿地公园的开发和保护对周边社区利益的影响及对策研究［D］．南昌：南昌大学，2014.

［77］王海林，李丽．基于社区参与的湿地生态旅游可持续发展研究——以张掖国家湿地公园为例［J］．北方经贸，2014（12）：274-275.

［78］王俪玢．社区共管，破解保护区人地矛盾难题［N］．中国绿色时报，2015-02-26（A01）.

［79］陈飞，孙鸿雁，王丹彤，等．湿地公园社区规划可持续发展模式研究——以贵州万峰国家湿地公园为例［J］．林业建设，2015（06）：24-29.

［80］张雅馨．环境伦理视角下自然保护区社区共管机制研究［D］．北京：北京林业大学，2016.

［81］张晓彤．论我国自然保护区社区共管的法律规制［D］．长春：吉林大学，2016.

［82］吴后建，但新球，刘世好，等．湿地公园与社区协调发展研究——以河南新县香山湖国家湿地

公园为例［J］．中南林业调查规划，2016，35（04）：14-19.

［83］周觅．自然保护区社区共管中引入"社区共管有限合伙企业"模型的法律分析［J］．中国管理信息化，2016，19（22）：182-183.

［84］卢桂英．福禄河湿地保护社区共管初探［J］．绿色科技，2017（06）：137-138.

［85］杨梅．自然保护区社区共管模式下原住民权利义务研究［D］．昆明：昆明理工大学，2017.

［86］石慧书，刘惠芬，何兴东．宁夏哈巴湖国家级自然保护区社区共管模式探索与实践［J］．天津农学院学报，2021，28（01）：78-82.

［87］蔡家奇，黎明．天鹅洲湿地与社区协同发展的路径研究［J］．现代农村科技，2021（02）：102-103.

［88］侯天文，郭应，邓伯龙．贵州六盘水娘娘山国家湿地公园社区共管研究［J］．湿地科学与管理，2020，16（03）：29-32.

［89］麻守仕．甘肃阳关保护区湿地管护社区化问题探讨［J］．甘肃林业，2020（02）：24-25.

［90］安萍，王梓．内蒙古伊图里河国家湿地公园社区共管工作现状与对策探讨［J］．内蒙古林业调查设计，2020，43（06）：55-57.

［91］李华婷．云南轿子山国家级自然保护区社区共建共管模式初探［J］．绿色科技，2021，23（08）：25-27.